从烤箱开始 实验烘焙

郑颖 编著

U0213054

甘肃科学技术出版社

图书在版编目（ＣＩＰ）数据

实验烘焙从烤箱开始 / 郑颖编著. -- 兰州 ：甘肃
科学技术出版社，2017.10
ISBN 978-7-5424-2420-4

Ⅰ．①实… Ⅱ．①郑… Ⅲ．①烘焙－糕点加工 Ⅳ.
①TS213.2

中国版本图书馆CIP数据核字(2017)第233876号

实验烘焙从烤箱开始
SHIYAN HONGBEI CONG KAOXIANG KAISHI

郑颖　编著

出 版 人　王永生
责任编辑　刘　钊
图文制作　深圳市金版文化发展股份有限公司

出　版　甘肃科学技术出版社
社　址　兰州市读者大道568号　730030
网　址　www.gskejipress.com
电　话　0931-8773274（编辑部）　0931-8773237（发行部）
京东官方旗舰店　http://mall.jd.com/index-655807.html

发　行　甘肃科学技术出版社　　印　刷　深圳市雅佳图印刷有限公司
开　本　720mm×1016mm　1/16　印　张　13　　字　数　260千字
版　次　2018年1月第1版　　印　次　2018年1月第1次印刷
印　数　1～6000
书　号　ISBN 978-7-5424-2420-4
定　价　35.00元

目录 CONTENTS

PART 2

可爱的饼干

PART 3

麦香十足的元气面包

PART 4

挑动味蕾的细腻蛋糕

PART 5

不容错过的甜蜜零食

PART 6

烘焙与菜肴的绝配组合

PART 1

烘焙与烤箱息息相关

很多人站在烘焙世界的大门外迟迟不敢向前，

担心自己缺乏烘焙的常识，

害怕烘焙的手法过于繁琐等。

其实烘焙远没有想像中复杂。

本章从烤箱的挑选与管理，

到烘焙制作的基本常识，

皆有贴心的介绍。

相信只要用心记、勤练习、不断实践，

总会有所收获。

选对烤箱事半功倍

俗话说："工欲善其事，必先利其器。"要想制作出美味可口的西点，首先需要准备一台烤箱。而市面上烤箱那么多，我们该如何选择呢？下文从烤箱的样式、功能、功率、容量等多方面来一一讲述。

1 / 样式类型

● 嵌入式烤箱

嵌入式烤箱具有烘烤速度快、密封性好、隔热性佳、温控准确与烘烤均匀等优点，而且安装嵌入式烤箱能使厨房显得更整洁。因此，嵌入式烤箱受到越来越多消费者的青睐。

● 台式小烤箱

台式小烤箱的最大优点是使用方便，所以有不少消费者都会选择此类烤箱。此外，台式小烤箱的价位会因其配置的不同而不同，这也满足了不同消费阶层家庭的需求。

2 / 功能类型

● 普通简易型烤箱

普通简易型烤箱比较适合偶尔想要烘烤食物的家庭。不过需要注意的是，虽然此类烤箱的价格较低，但由于需要手动控制烤箱的温度和时间，所以不太适合新手使用。

● 三控自动型烤箱

假如您喜欢烘烤食物，且需要经常使用不同的烘烤方式，那么您可以选用档次较高的三控自动型烤箱，三控即定时、控温、调功率。此类烤箱的各类烘烤功能齐全，但是价格较为昂贵。

● 控温定时型烤箱

对于一般家庭来说，选用控温定时型烤箱就已经能满足家庭日常烘烤食物的需求。控温定时型烤箱不仅功能较齐全，性价比也较高。

3 / 功率选择

烤箱的功率一般在 500~1200W，所以您在选购烤箱时，首先要考虑到家中所用电度表的容量及电线的承载能力。其次，您要考虑到您的家庭情况，如果您的家庭属于人少且不常烘烤食物的家庭，可以选择功率为 500~800W 的烤箱；如果您的家庭属于人多且经常烘烤大件食物的家庭，则可选择功率为 800~1200W 的烤箱。

4 / 容量规格

家用烤箱的容量一般是 9~60L 不等，所以您在选择家用烤箱的容量规格时，必须要充分考虑到您主要用烤箱来烘烤什么。假如您对烤箱的使用需求不只是停留在烤肉、烤蔬菜、烤吐司片的层面上，还希望能烤出更多丰富的菜品和美味的西点，那么编者建议您购买 20L 以上、尽可能大容量的家用烤箱。

5 / 烤箱的内胆

市面上的烤箱内胆主要分为镀锌板内胆、镀铝板内胆、不锈钢板内胆以及不粘涂层内胆这四种材质。传统镀锌板内胆正逐渐退出市场，所以编者建议您还是不要考虑这种材质的内胆了。镀铝板内胆不仅比镀锌板内胆的抗氧化能力要强、使用寿命要长，而且镀铝板内胆的性价比较高，如果您不是每天都需要使用烤箱的话，镀铝版内胆完全能满足您的家庭烘烤需求。

6 / 选购细节

想要选购一台好的烤箱，不仅要检查其外观是否完好无痕，还要检查烤箱是否密封良好，密封性好的烤箱才能减少热量的散失。其次，要仔细试验箱门的润滑程度，箱门太紧会在打开时烫伤人，箱门太松可能会在使用途中不小心脱落。选购烤箱时，还应选择有上下两个加热管和三个烤盘位，而且可控温的烤箱。

熟悉烤箱常用配件

有了心仪的烤箱，就要开始为烘烤做下一步的准备。若是连常用的配件都不熟悉，恐怕要贻笑大方了。精选一些常用的器具，让您提前热身。

1 烤网
通常烤箱都会附带烤网，烤网不仅可以用来烤鸡翅、肉串，也可以作为面包、蛋糕的冷却架。

2 烤盘
烤盘一般是长方形的，钢制或铁制的都有，可用来烤蛋糕卷、做方形蛋糕等，也可用来做苏打饼、方形比萨以及饼干等。

3 玻璃碗
玻璃碗是指玻璃材质的碗，主要用来打鸡蛋，搅拌面粉、糖、油和水等。制作西点时，至少要准备两个以上的玻璃碗。

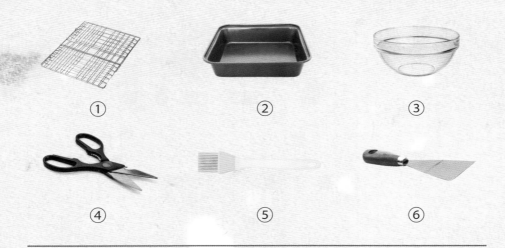

① ② ③

④ ⑤ ⑥

4 剪刀
剪刀可以用来处理食材或者裁剪烘焙纸、锡纸等，也可以给面点做出简单的造型。

5 油刷
油刷可以在烤盘上均匀地刷油，以防食物烤焦，也可以给食材刷油，提升食物质感。

6 刮刀
刮刀有多种材质制成的，包括不锈钢、ABS树脂等，手感光滑，使用方便。刮刀还可以用来轻松打开罐装食品的盖子，有起盖器的作用，一般的刮刀主要用于刮取罐装食品里面的食物，以及制作烘焙糕点。

7 量匙

量匙通常是金属或者塑料材质的，是圆状或椭圆状带有小柄的一种浅勺，主要用来盛液体或者少量、细碎的物体。

8 量杯

一般的量杯杯壁上都有容量标示，可以用来量取水、奶油等材料。但要注意读数时的刻度，量取时要选择恰当的量程。

9 毛刷

毛刷主要是用来刷蛋液以及刷去蛋糕屑等的工具。在烘烤食物前，用毛刷在食物表层刷一层液体，可以帮助食物上色漂亮。

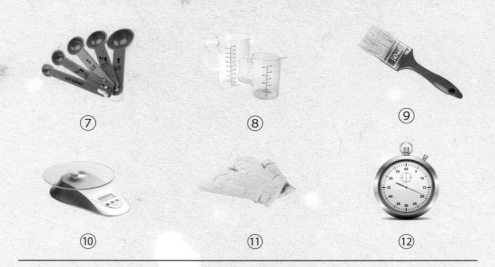

⑦   ⑧   ⑨

⑩   ⑪   ⑫

10 电子秤

电子秤又称为电子计量秤，在西点制作中，用于称量各式各样的粉类（如面粉、抹茶粉等）、细砂糖等需要准确称量的材料。

11 隔热手套

隔热手套是能够阻隔、防止各种形式的高温热度对手造成伤害的防护性手套。使用隔热手套来拿取烤盘，能防止手被烫伤。

12 电子计时器

电子计时器是一种用来计算时间的仪器。一般厨房的计时器都是用来观察制定烘烤时间的，以免烘烤食物的时间不够或者超时。

烤箱烘焙必备器具

掌握一些简单又实用的烘焙小工具，加以运用并经常练习，可大大提升你的成功率，让你在烘焙的世界里如鱼得水，尽享制作的喜悦。

1 搅拌器

搅拌器通常是不锈钢材质的，是制作西点时必不可少的烘焙工具之一。可以用于打发蛋白、搅散黄油等，还能用来制作一些简易小蛋糕，但使用起来费时费力。

2 电动搅拌器

电动搅拌器包含一个电机身，配有打蛋头和搅面棒两种搅拌头。电动搅拌器可以使搅拌的工作更加快速，材料搅拌得更加均匀。

3 擀面杖

擀面杖呈圆柱形，能够通过在平面上滚动来挤压面团等可塑性食品原料。无论是制作面包或者是制作饼干，擀面杖都是不可或缺的。

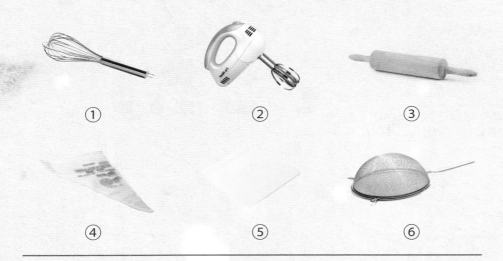

① ② ③

④ ⑤ ⑥

4 裱花袋

裱花袋是烘焙中不可缺少的工具，可以将面浆挤成固定形状，也可以装入奶油、巧克力酱等给蛋糕裱花。

5 刮板

刮板又称面铲板，是制作面团后刮净盆子或面板上剩余面团的工具，也可以用来切割面团及修整面团的四边。刮板有塑料、不锈钢、木制等多种。

6 面粉筛

面粉筛一般都是不锈钢制成，是用来过滤面粉的烘焙工具。面粉筛底部都是漏网状的，一般做蛋糕或饼类时会用到，可以过滤掉面粉中含有的其他杂质，使得做出来的蛋糕更加膨松，口感更好。

7 烘焙纸

烘焙纸耐高温，可以垫在烤盘底部，这样既能避免食物粘盘，方便清洗烤盘，又能保证食物的干净卫生。

8 锡纸

锡纸可以用来垫在烤盘上防粘，也可包裹食物。有些食物如金针菇、红薯等必须用锡纸包着来烤，传热快的同时散热均匀，可以避免烤焦食物。

9 分蛋器

分蛋器，也叫蛋清分离器，有用塑料制造的，也有外面是不锈钢的，分蛋器有一层鸡蛋分离槽镂空设计。

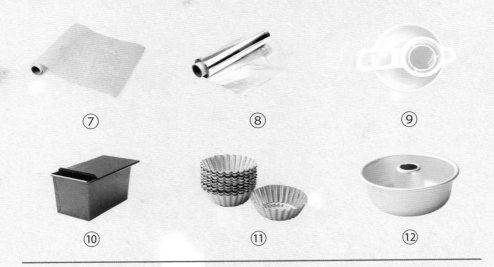

⑦　　　　　　⑧　　　　　　⑨

⑩　　　　　　⑪　　　　　　⑫

10 吐司模

吐司模，顾名思义，主要用于制作吐司。为了方便，可以在选购时购买金色不粘的吐司模，不需要涂油防粘。

11 蛋挞模

蛋挞模，顾名思义，用于制作普通蛋挞或葡式蛋挞。一般选择铝模，其压制性比较好，容易塑形，烤出来的蛋挞口感也比较好。

12 戚风蛋糕模

做戚风蛋糕所必备的用具，一般为铝合金制，圆筒形状，多有磨砂感。用来制作蛋糕时只需将戚风蛋糕液倒入，然后烘烤即可。

烤箱使用维护有诀窍

精挑细选的烤箱，是烤制美味的法宝，怎么可以不好好使用并维护它呢？那么这其中，又有哪些诀窍需要我们去掌握？不要心急，慢慢看下去，为你普及使用、保养烤箱的实用小贴士。

1 / 使用烤箱的窍门及注意事项

● 使用烤箱的小窍门

高温空烤去异味

新购买或是长时间闲置的烤箱，可在使用前通过高温空烤来去除烤箱内的异味。高温空烤步骤如下：用干净柔软的湿布把烤箱内外擦拭一遍，等烤箱完全干燥后，将烤箱门打开，上下火全开，将烤箱上下管温度调至最高，空烤 15 分钟后即可正常使用。高温空烤期间，会出现烤箱冒烟、散出异味的现象，这都是正常的。

预热烤箱利烘烤

在使用烤箱烘烤任何食品之前，都需要先将烤箱预热。由于烘烤的食物不同，所需预热的温度及时间也不同。在烘烤鸡、鸭等大件、水分多的食物时，预热温度可选高些，选在 250℃左右，预热时间可控制在 15 分钟；在烘烤花生米、芝麻等颗粒小、水分少的食物时，预热温度可选低些，预热时间可控制在 5 ~ 8 分钟。实际操作可根据食材性状来灵活调整预热时间，比如，烘烤带壳的花生预热时间可适当延长。

烤箱余热巧利用

在烤箱停电后的 2 ~ 3 分钟内，烤箱内的温度还会继续上升，这样会影响到本来烘烤适度的食物的成品效果。因此，我们若是能巧加利用烤箱的余热，根据食材的性状来适当减少烘烤时间，用烤箱的余热把食物烤好，这样不仅可以省电，还能烤出美味的食物。

● 使用烤箱的注意事项

正确放置烤箱

烤箱应放置在平稳隔热的水平桌面上。烤箱的四周要预留足够的空间，保证烤箱距离四周的物品至少有 10 厘米远。烤箱的顶部不能放置任何物品，以免其在运作过程中产生不良影响。

准确控制烤温

在烘烤食物时，要注意准确控制烤箱的温度，以免影响成品效果。以烘烤蛋糕为例，一般情况下，蛋糕的体积越大，烘焙所需的温度越低，烘焙所需的时间越长。

注意隔热勿烫伤

放入或取出烤盘时，都一定要使用工具或是隔热手套，切勿用手直接触碰烤盘或烤制好的食物，以免烫伤。此外，开关烤箱门时也要格外小心，烤箱的外壳及玻璃门也很烫，注意别被烫伤。

2 / 清洁和保养烤箱

● 烤箱的清洁

（1）最好在每次使用完烤箱后，就对烤箱进行清洁，否则，污垢存在的时间越久就越难去除，而且也会影响烤箱下一次的烘烤效果。

（2）在清洁烤箱时，一定要先断开电源，拔掉插头，并等烤箱完全冷却后，再用中性清洗剂清洗包括烤架和烤盘在内的所有附件。最后，用浸过清洁剂的柔软湿布清洁烤箱表面即可。编者建议您在清洁的时候，最好不要使用尖锐的清洁工具，以免损伤烤盘的不粘涂层。

（3）烤网上若是有烧焦的污垢，可以利用锡箔纸的摩擦力来刷除。但是需要记得，在使用锡箔纸作为清洁工具之前，要先将其搓揉过后再使用，因为这样可以增加锡箔纸的摩擦力。

（4）若是要清洁烤箱的电线，您只需要戴上尼龙手套，手套沾上少量的牙膏，用手指直接搓擦电线，再用抹布擦拭干净就可以了。

（5）需要特别注意的是，烤箱的加热管一般不进行清洗。如果加热管上面沾了油污，烤箱会在加热时散发出异味。所以，当您在使用烤箱时闻到了异味，您再用柔软的湿布将加热管擦拭干净也不迟。

● 烤箱的保养

（1）在使用烤箱之前，您应该仔细阅读烤箱的使用说明书。您还应该注意检查烤箱的电源线与插头是否有破损，如果有破损应立即停止使用，否则可能会造成触电、漏电等问题。

（2）平常要养成良好的操作习惯，烤箱在不工作时，必须关掉总开关。日常要注意清理烤箱内外的灰尘，定期检查烤箱各部分的结构零件是否能正常运作，这样才能延长机器的使用寿命。

（3）烤箱最好不要放在靠近水源的地方，因为烤箱在工作时，整体温度都很高，如果碰到水，会造成温差，从而影响到食物的烘烤效果。

（4）烤箱最好摆放在通风的地方，不要放得太靠近墙壁，这样便于其散热。如果长时间不使用烤箱，最好为烤箱盖上一层塑料袋，避免其沾染灰尘和油烟。

（5）烤箱如果要移位摆放，应轻拿轻放，防止碰撞，以防止烤箱的内部结构和零件损坏。

新手初用烤箱建议

新手在尝试用烤箱烘烤的过程中，总会遭遇各种各样的状况，这时候就需要掌握一些关于烘焙的小窍门，才能够做出美味的烘焙成品。下面主要为大家介绍关于烘焙的建议和小窍门，学会这些，即使是烘焙新手，也能在制作过程中游刃有余。

1 / 烘烤前的准备工作

● 完整阅读配方说明

在开始烘焙之前，应仔细阅读整个配方说明，包括制作的方式、配料、工具和步骤，可以读 2 ~ 3 遍，确保每一点都很清晰。因为烘焙的所有步骤都是需要操作精确的，所以在开始前熟悉配方相当重要。

● 准备所需配料和工具

看完配方说明，就要准备原料和工具，接着再检查一次，看是否所有材料都准备充足。如果制作中途才发现有的原料或工具未准备，势必会影响到成品的最终效果。

● 让配料变回室温状态

配方说明上经常要求黄油和鸡蛋是室温状态的。所以，在拿到原料后应放置几小时，让其解冻至室温状态，此外也可以将黄油磨碎，从而使黄油变回室温状态。

● 准备适合的烤盘

如果配方中要求烤盘铺上烘焙纸，那就必须按步骤来做。铺上烘焙纸的烤盘可以防止饼干或蛋糕烤焦、沾锅、裂开，还能简化之后的烤盘清洁工作。

2 / 出现烤不熟或烤焦的情况

如果烘焙出来的成品，包括点心、蛋糕、面包等有不熟或烤焦的情况出现，应该先检查一下，回忆一下是否在制作过程中有遗漏的步骤，烘焙时间是否严格按照配方要求的时间和温度进行。时间和温度的误差也可能导致点心不熟或烤焦。

在烘烤的时候，尤其是进入最后的阶段之后，最好能够在旁边耐心等候，并仔细观察烤箱里生坯的上色情况，以保证生坯在最后能够达到烘烤的合适温度，避免出现不熟或烤焦的情况。

常见的烤箱故障及解决办法

使用烤箱过程中出现问题怎么办？每次都终止烹调然后请人来修，显然费时费力，其实，这其中很多问题我们都可以自己解决。

1 / 指示灯不亮且不加热

指示灯不亮且不加热是一种十分常见的小型家用烤箱故障，处理方法如下：

（1）确认插座是否正常供电。

（2）确认电路元器件是否有损坏，如有损坏联系维修中心。

（3）确认是否已经加热完毕，因为加热至设定时间后烤箱会自动停止工作。

（4）确认是否正确定时，大部分烤箱在没有设定定时的情况下是不工作的。

2 / 指示灯亮但不加热

在指示灯亮的情况下，如果电烤箱不加热，可以进行如下处理：

（1）检查烤箱的温度设定，如果是因为温度设置过低而致，请重新设定温度。

（2）检查是否因为加热已到设定温度而产生加温控制（温控器）跳开的现象。

（3）在排除了上述两点之后，可怀疑是否是发热体损坏的原因，如果是，请联系维修中心更换发热体。

3 / 漏电

小型家用烤箱的常见问题之一就是漏电。当漏电情况发生时，应该马上断开电烤箱的供电，做到彻底的机电分离，之后再分以下两步完成故障的诊断和处理：

（1）检查供电接地是否正确，如果接地不正确，必须重新接好接地再使用。

（2）如果发现接地线路良好，那么必须马上停用电烤箱并且联系维修中心。

4 / 异味

发现电烤箱工作时有异味，应该通过下述三个步骤完成检查和处理：

（1）检查电烤箱箱体内是否有未清洁的油渍和食物残渣。

（2）检查是否在电烤箱工作时，将容易发出异味的物品放置在箱体上。

（3）上述两点没有问题时，要查看电路部分是否有损坏现象，如有损坏须马上送修。

烘焙新手常见问题详解

● 问题 1

Q：烤盘的类型对烘烤不同的食物有影响吗？

A：在烘烤不同的食物时，烤盘应该选择对应的类型。例如：大孔烤盘适合用来烤鸡翅，而小孔烤盘适合用来烘焙蛋挞；烘焙比萨饼应使用聚热强的无孔厚板烤盘，这样可使比萨饼底更加香脆，而烘焙饼干则需要无孔薄板烤盘。

● 问题 2

Q：烤箱在加热时，有时候会发出声响，这正常吗？

A：这是正常的。烤箱外壳或内部元器件由于热膨胀的关系而发出声响，这一般出现在烤箱预热的过程中，当烤箱的温度稳定以后就不会响了。

● 问题 3

Q：烤箱的加热管一会儿亮起一会儿灭掉，这是怎么回事？

A：烤箱在加热时，烤箱的加热管会发红、亮起，烤箱内的温度会上升。当箱内温度上升到一定温度时，加热管就会停止工作、变暗；当箱内温度逐渐降到某个范围时，加热管就会重新加热。因此，在加热管一会儿亮起一会儿灭掉的过程中，烤箱内的温度始终保持在设定的范围内。

● 问题 4

Q：在烤面包时，如果面包的一边已烤熟、颜色变深，而另一边还未烤熟、颜色未变深，该如何补救？

A：如果烤箱内的热量分布不匀，就会出现面包烘烤不匀的情况。那么您只需要从烤箱内取出烤盘，将烤盘调转180°，换个方向，再放回烤箱继续烤制，就能使面包受热均匀。

● 问题 5

Q: 按照食谱所给的时温来烘烤食物，但成品效果却不一样，这是为什么？

A: 首先，食物的数量与薄厚程度都会影响到它的烘烤效果。其次，家用烤箱的温度存在误差，食谱的温度仅供参考。因此，您还需要根据食物及自家烤箱的实际情况来控制时间和温度。

● 问题 6

Q: 在家如何制作出市面上那种表层是金黄色的芝士蛋糕？

A: 想要做出表层是金黄色的芝士蛋糕，就需要给芝士蛋糕"上色"。"上色"是指通过控制上下火，使得食物表面呈现一定色泽，让食物成品更好看。您可以在芝士蛋糕快要烤熟时，即烤至最后 3~5 分钟，将"上下火"模式调成"上火"模式，就可以为芝士蛋糕"上色"了。

● 问题 7

Q: 如何去除烤箱烘烤食物后所残留的异味？

A: 可以在烤箱内放上半个柠檬或是橘子皮，通电加热 10 分钟，这样就能起到吸除异味的作用。

● 问题 8

Q: 新手掌控不好食物烘烤的温度和时间，如何解决？

A: 附上常用的食物烘烤温度及烘烤时间：

50℃——食物保温、面团发酵　　100℃——各类酥饼、曲奇饼、蛋挞

150℃——酥角、蛋糕　　　　　　200℃——面包、煎饺、花生、烙饼

250℃——各类扒、叉烧、烧肉、鱼、烤鸭

10~20 分钟——饼、桃酥、串烧肉　12~15 分钟——面包、烙饼、排骨

15~20 分钟——各类酥饼、烤花生　20~25 分钟——牛扒、蛋糕、鸡翅

25~30 分钟——鸡、鹅、鸭、烧肉　30~35 分钟——红烧鱼

烘焙必用原料

初学烘焙的人经常被一些名字相似的原料弄得一头雾水，无需烦恼，这里将为你介绍一些常用的原料，让你轻松分清它们的不同并能正确使用。

1 低筋面粉

低筋面粉的蛋白质含量在8.5%，色泽偏白，常用于制作蛋糕、饼干等。如果没有低筋面粉，可以按75克中筋面粉配25克玉米淀粉的比例自行配制双色低筋面粉。

2 高筋面粉

高筋面粉的蛋白质含量一般是在12.5%～13.5%，色泽偏黄，颗粒较粗，不容易结块，比较容易产生筋性，适合用来做面包。

3 鸡蛋

鸡蛋营养丰富，含有高质量的蛋白质，是日常生活中营养价值极高的天然食品之一。烘焙的过程中，往往少不了鸡蛋。

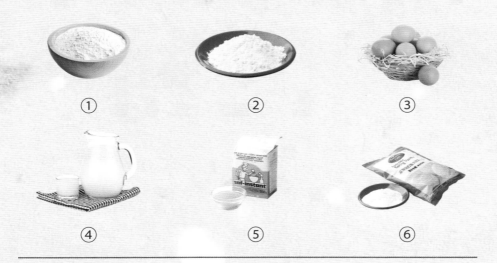

① ② ③

④ ⑤ ⑥

4 牛奶

营养学家认为，在人类食物中，牛奶的营养符合人体所需。用牛奶来代替水和面，可以使面团更加松软，更具香味。

5 酵母

酵母在营养学上有"取之不尽的营养源"之称，是一种可食用、含有丰富营养的单细胞微生物，常用于面包的制作。通过在面团中产生大量二氧化碳气体，完成发酵。

6 泡打粉

俗称"发粉"、"发泡粉"，是一种复合膨松剂，由苏打粉加上其他酸性材料制成的食用型添加剂，可以使面糊呈现松软的组织，常用于制作蛋糕。

7 糖粉

粉末状的糖，由细砂糖磨成粉后添加少量玉米淀粉制成，有防潮及防止结块的作用。糖粉可对糕点进行表面的装饰，还能制作糖霜、馅料等。

8 细砂糖

细砂糖是我们最常接触也是最为熟悉的糖，颗粒细小，能够与其他材料快速混合均匀，常用于饼干、蛋糕、面包等多种糕点的制作。

9 黄油

黄油又叫乳脂、黄奶油，是将牛奶中的稀奶油和脱脂乳分离后，使稀奶油成熟并经搅拌而成的。黄油一般置于冰箱存放。

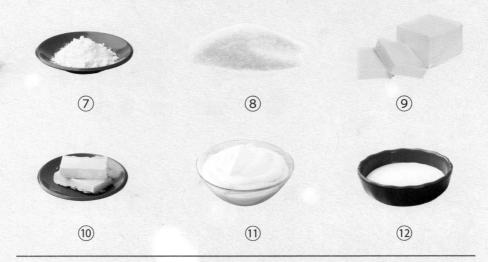

⑦　　　⑧　　　⑨

⑩　　　⑪　　　⑫

10 片状酥油

是一种浓缩的淡味芝士，由水乳制成，色泽微黄，在制作时要先刨成丝，经过高温烘烤就会化开。

11 动物性淡奶油

是从牛奶中提炼出来的，本身不含有糖分，白色如牛奶状，但比牛奶更为浓稠。打发前需放在冰箱冷藏8小时以上。

12 植物鲜奶油

别名人造鲜奶油，大多数含有糖分，白色如牛奶状，但是比牛奶浓稠。通常用于打发后装饰在糕点上面。

烘焙制作基本功

　　为了更好地在烘焙的领域里大显身手，要勤练基本功。只有打下良好的基础，方能为你之后的烘焙制作打开一条广阔的道路。

蛋白打发

零失败秘籍

　　玻璃碗要擦干水分和油渍，如果有水分和油渍，会导致打发失败。

<配方>

蛋白··················100 克
细砂糖··············70 克

<做法>

1. 取一个玻璃碗，倒入蛋白、细砂糖。
2. 用电动搅拌器中速打发 4 分钟使其完全混合，材料完全呈现乳白色膏状。

全蛋打发

零失败秘籍

　　电动搅拌器用沸水冲洗，可轻易将油渍冲洗干净。

<配方>

鸡蛋··················160 克
细砂糖··············100 克

<做法>

1. 取一个玻璃碗，倒入鸡蛋、细砂糖。
2. 用电动搅拌器中速打发 4 分钟使其完全混合，材料完全呈现乳白色膏状。

蛋黄打发

< 做法 >

1. 取一个玻璃碗，倒入蛋黄、细砂糖。
2. 用电动搅拌器中速打发 4 分钟使其完全混合。
3. 打发片刻至材料完全呈现浅黄色膏状。

< 配方 >

蛋黄·····················100 克
细砂糖·················70 克

零失败秘籍

　　玻璃碗不要有水或油,否则会打发失败。

黄油打发

< 做法 >

1. 取一个玻璃碗，倒入备好的糖粉、黄油。
2. 用电动搅拌器搅拌，打发至食材混合均匀。
3. 倒入蛋黄，继续打发，至材料呈现乳白色膏状即可。

< 配方 >

黄油·····················200 克
糖粉·····················100 克
蛋黄·····················15 克

零失败秘籍

　　一定要将黄油打至黏稠，再放入蛋黄。搅打时温度不应过高。

基础面团制作

< 配方 >

高筋面粉…………250 克

酵母…………4 克

黄油…………35 克

奶粉…………10 克

蛋黄…………15 克

细砂糖…………50 克

水…………100 毫升

< 做法 >

1.把高筋面粉倒在案台上。

2.加入酵母、奶粉，充分混合均匀。

3.用刮板开窝，倒入细砂糖、水、蛋黄，搅匀。

4.刮入混合好的高筋面粉。

5.搓成湿面团。

6.加入黄油。

7.揉搓均匀。

8.揉至面团表面光滑即可。

丹麦面团制作

<配方>

高筋面粉	170 克
低筋面粉	30 克
黄油	20 克
鸡蛋	40 克
片状酥油	70 克
清水	80 毫升
细砂糖	50 克
酵母	4 克
奶粉	20 克
干粉	少许

<做法>

1.将高筋面粉、低筋面粉、奶粉、酵母倒在案台上,搅拌均匀。

2.用刮板在中间开一个窝,倒入备好的细砂糖、鸡蛋,拌匀。

3.倒入清水,将内侧一些的粉类跟水搅拌均匀。

4.再倒入黄油,一边翻搅一边按压,制成表面平滑的面团。

5.撒点干粉在案台上,用擀面杖将揉好的面团擀制成长形面片,放入片状酥油。

6.将另一侧面片覆盖,把四周的面片封紧,用擀面杖擀至里面的酥油分散均匀。

7.将擀好的面片叠成三层,再放入冰箱冰冻10分钟。

8.10分钟后拿出面片继续擀薄,依此擀薄冰冻反复3次,再拿出擀薄擀大,切成大小一致的4等份即可。

蛋挞皮的制作

＜配方＞

低筋面粉…………75克
糖粉………………50克
黄油………………50克
蛋黄………………15克
面粉………………少许

＜做法＞

1. 往案台上倒入低筋面粉，用刮板开窝。

2. 加入黄油、糖粉，稍稍拌匀。

3. 放入蛋黄，用刮板稍微拌匀。

4. 用刮板刮入面粉，混合均匀。

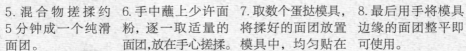

5. 混合物搓揉约5分钟成一个纯滑面团。

6. 手中蘸上少许面粉，逐一取适量的面团，放在手心搓揉。

7. 取数个蛋挞模具，将揉好的面团放置模具中，均匀贴在模具内壁。

8. 最后用手将模具边缘的面团整平即可使用。

派皮的制作

<配方>

低筋面粉············200 克
细砂糖·············5 克
清水··············60 毫升
黄油··············100 克

<做法>

1.往案台上倒入低筋面粉，用刮板拌匀，开窝。

2.加入黄油、细砂糖，稍稍拌匀。

3.注入适量清水，稍微搅拌均匀。

4.刮入面粉，将材料混合均匀。

5.将混合物搓揉成一个纯滑面团。

6.用擀面杖将面团均匀擀平至派皮生坯。

7.取一派皮模具，将生坯盖在模具上。

8.拿起模具，用刮板沿着模具边缘将多余生坯刮去，用叉子均匀戳生坯底部即可。

切出西点的美丽

辛辛苦苦做出来的西点，却因为切得不好，使它的造型大打折扣，这该多么可惜。别担心，简单几招教你掌握其中的切割诀窍，可为你的西点增光添彩。

1 / 锯齿刀

锯齿刀是切蛋糕的时候运用得最为广泛的刀具，像戚风蛋糕、海绵蛋糕等都是用它切块的。由于烤制后的蛋糕具有松软的组织，如果用普通的小刀来切的话，不小心就会把蛋糕压扁，破坏其外观。而锯齿刀则不会，采用"锯"的方式使蛋糕受力均匀，轻松切出好看的蛋糕块。

除了蛋糕以外，锯齿刀也可用来切面包。特别是给吐司切片，它可是很擅长的哟。在这里，需要提醒你的是，刚烘烤出来的吐司过于柔软，切起片来很不容易，若是等放凉后，保存两三小时再处理，则会简单许多。

2 / 多用刀

所谓的多用刀，就是家里必备的刀具，普通常见却有着多种用途。像芝士蛋糕和慕斯蛋糕这类组织细密的蛋糕，比较厚实，没有普通的蛋糕那么蓬松，就可以使用普通的刀切块。不过你很快会发现，沾刀的问题很严重，一刀下去，切面通常不忍直视。

为了防止出现这种情况，我们在切的时候，应事先把刀放在火上烤一烤，等刀面变烫后趁热切下去，蛋糕就不会沾在刀上了。每切一次，都要及时把刀面擦拭干净，重新烤热再切下一刀，这样就能切出整齐的蛋糕块了。也可以将刀具浸泡在热水中，原理与上述方法相同。加热过的刀具同样适用于切面包片，这样不易掉渣，切面也好看。

留住西点的新鲜滋味

美味的西点，想要留住它新鲜的口感，这个小小的心愿现在就能帮你实现。下面为你分门别类地介绍不同点心的储存方法，让舌尖的记忆得以保存并能随时享用。

1 / 干式点心

干式点心有饼干、酥、饼等，在储存的问题上与湿式点心不可混为一谈。

以饼干为例，由于其出炉放凉后才会变得酥香松脆，如果未等其变凉就收纳，就会产生水汽使其受潮。所以要完全放凉后才可将它放入密封罐、密封盒或密封袋中，可保存2~3周。若回软，也不用担心，只要再放回烤箱，低温烘烤即可。

相较于湿式点心，干式点心在时间存放上具有较大的优势，且口感亦能得到较好的保持。

2 / 湿式点心

湿式点心如蛋糕、泡芙等，这类西点在防止细菌繁殖的问题上，应慎之又慎。因为它们在常温下容易变质，尤其是夏季，温度的升高加速了细菌的繁衍，所以最好在冷藏的条件下保存，一般于2~3天内食用完为好。

若是西点在制作时添加了水果或芝士，则在当天食用完最佳。面包的存放则有所不同，为了防止淀粉的老化而对其口感产生影响，应放入冷冻室储藏，等到要吃的时候，在微波炉加热一两分钟，面包就会恢复松软，就像刚烤出来的一样。

与干式点心相比，湿式点心的储存时间不宜过长，否则点心的口感和营养会有很大的流失。

PART 2

可爱的饼干

想自己动手制作饼干却不知从何下手？

别再烦恼了！

只要认真阅读本章内容，

你就会发现，

制作酥脆饼干原来如此简单！

本章会向你详细说明多种美味饼干的做法，

让你轻松学会制作饼干！

快动手试试吧！

巧克力豆饼干

难易度★☆☆ 🕐 35分钟 📟 上火170℃ 下火170℃

配方

黄油 120 克，糖粉 15 克，细砂糖 35 克，低筋面粉 170 克，杏仁粉 50 克，可可粉 30 克，盐 1 克，鸡蛋 1 个，巧克力豆适量

工具

电动搅拌器 1 台，筛网 1 个，长柄刮板 1 把，锡纸 1 张，烤箱 1 台

制作步骤

1 将黄油装入大碗中，室温软化。

2 加入盐、糖粉，用电动搅拌器混合均匀，分两次加入细砂糖，混合均匀。

3 分两次倒入搅好的蛋液，边倒边进行搅拌。

4 加入混合、过筛后的低筋面粉、杏仁粉、可可粉，分两次加入。

5 每次都用刮刀切拌均匀，直到看不见干粉。

6 倒入巧克力豆，拌匀，和成面团，成形即可，不要过度搅拌。

7 在烤盘上铺上锡纸，把面团分成若干个单个重量为 17 克的小面团，搓圆，用手掌稍微压平后放入烤盘中。

8 将烤盘放入预热至 170℃的烤箱，烤 20 分钟至熟，取出即可。

实验心得

步骤 7 中饼干生坯的厚度要一致。

橄榄油原味香脆饼

难易度 ★ ☆ ☆　　🕐 25分钟　　📟 上火170℃ 下火170℃

配方

全麦粉100克，橄榄油20毫升，盐2克，苏打粉1克，水45毫升

工具

刮板1个，擀面杖1根，刀1把，叉子1把，高温布1块，烤箱1台，隔热手套1双

制作步骤

将全麦粉倒在案台上，用刮板开窝。

倒入苏打粉，加入盐，搅拌均匀。

加入水、橄榄油，搅拌均匀。

将材料混合均匀，揉搓成面团。

用擀面杖把面团擀成约0.3厘米厚的面皮。

用刀把面皮切成长方形的饼坯。

再用叉子在饼坯上扎小孔。

将饼坯四周多余的面皮去掉。

把饼坯放入铺有高温布的烤盘中。

将烤盘放入烤箱，上、下火调至170℃，烤15分钟。

从烤箱内取出已烤好的橄榄油原味香脆饼。

将饼干装盘，放凉后即可食用。

实验心得

可以在饼干生坯上撒少许葱花，这样烤出来的饼干口感更佳。为了保证松脆的口感，面片要擀得薄一点哦。

芝麻薄脆

难易度 ★ ☆ ☆　　🕐 50分钟　　上火180℃ 下火140℃

配方

低筋面粉 20 克，糖粉 60 克，已熔化的黄油 25 克，蛋清 100 克，白芝麻 25 克，黑芝麻 10 克

工具

筛网 1 个，玻璃碗 1 个，电动搅拌器 1 台，长柄刮板 1 把，勺子 1 把，锡纸 1 张，烤箱 1 台

制作步骤

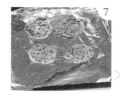 

1　依次将低筋面粉、糖粉过筛放至玻璃碗中。

2　倒入蛋清、已熔化的黄油，用电动搅拌器拌匀。

3　加入白芝麻、黑芝麻，用长柄刮板拌匀，放入冰箱冷藏 30 分钟。

4　用勺子将冷藏过的面糊倒在铺有锡纸的烤盘上，摊平。

5　预热烤箱，将温度调成上火 180℃、下火 140℃。

6　把烤盘放入预热好的烤箱，烤 10 分钟至熟。

7　从烤箱内取出烤盘。

8　将芝麻薄脆放置片刻至凉即可食用。

──── 实验心得 ────

将脆饼从锡纸上取下时要小心，以免弄碎，破坏完整性。

巧克力牛奶饼干

难易度 ★★☆　　🕐 30分钟　　上火170℃ 下火170℃

配方 —————————

黑巧克力液适量，白巧克力液适量，黄油100克，糖粉60克，低筋面粉180克，蛋清20克，可可粉20克，奶粉20克，白奶油50克，牛奶40毫升

工具 —————————

刮板1个，模具1个，电动搅拌器1台，玻璃碗1个，裱花袋2个，烘焙纸1张，擀面杖1根，剪刀1把，烤箱1台，牙签1根，隔热手套1双

制作步骤

1
将低筋面粉、奶粉、可可粉倒在案台上，用刮板开窝，倒入蛋清、糖粉，用刮板搅匀。

2
加入黄油，混合均匀，揉搓成光滑的面团，用擀面杖将面团擀成约0.5厘米厚的面皮。

3
用模具在面皮上压出8个圆形饼坯，去掉边角料。

4
把饼坯放入烤盘，将烤盘放入预热好的烤箱。

5
上下火调至170℃，烤15分钟至熟。

6
取一个玻璃碗，倒入白奶油，用电动搅拌器打发均匀，把牛奶分次加入，快速搅匀，制成馅料。

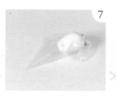

7
把馅料装入裱花袋里，将裱花袋的尖端剪个小口，待用。

8
从烤箱内取出烤好的饼干。

9
在另一个裱花袋里装入白巧克力液，将裱花袋的尖端剪个小口。

10
把烤好的饼干放在烘焙纸上，将裱花袋中的馅料挤在其中4块饼干上。

11
把其余4块饼干蘸上黑巧克力液，盖在有馅料的4块饼干上。

12
以画圆圈的方式把白巧克力液挤在饼干上，用牙签将白巧克力液划出花纹，把制作好的饼干装盘即成。

实验心得

饼干烤好后要马上从烤箱里取出，以免在烤箱里吸收水汽，影响口感。

意大利杏仁脆饼

难易度 ★★☆　　🕐 35 分钟　　📟 上火180℃　下火160℃

配方

面糊：

杏仁粉 100 克，黄油 70 克，细砂糖 40 克，全蛋 50 克，蛋黄 50 克，低筋面粉 35 克，可可粉 15 克，盐 2 克，杏仁片 80 克

蛋白霜：

蛋白 50 克，柠檬汁 1 毫升，细砂糖 40 克

工具

玻璃碗、模具各 1 个，长柄刮板 1 把，烘焙纸 1 张，电动搅拌器、烤箱各 1 台

制作步骤

1　将黄油和细砂糖倒入玻璃碗中搅拌均匀，加入全蛋拌匀，然后倒入蛋黄进行搅拌，再倒入盐进行搅拌。

2　加入低筋面粉搅拌，再加入杏仁粉、可可粉进行搅拌，然后加入杏仁片拌匀后静置待用。

3　把蛋白和细砂糖倒入另一个玻璃碗中，用电动搅拌器打出一些泡沫，然后加入柠檬汁打出尾端挺立的蛋白霜。

4　把打好的蛋白霜大致分成两半，将一半份量的蛋白霜混入面糊中，用长柄刮板沿着盆边以翻转及切拌的方式拌

匀，再将剩下的蛋白霜倒入面糊中混合均匀，倒入模具中，然后把杏仁片均匀撒在面糊上。

5　将面糊放入已经预热好的烤箱中，以上火 180℃、下火 160℃烘烤约 10 分钟，烤至半干状态，取出，稍微放凉后切成块状。

6　将切好的饼干切面朝上放入铺有烘焙纸的烤盘，饼干之间留些空隙。

7　烤好的饼干再度放入烤箱烘烤 5 分钟至完全干燥即可。

玛格丽特饼干

难易度★☆☆   🕐 25分钟

上火180℃
下火160℃

配方

低筋面粉 100 克，玉米淀粉 100 克，黄油 120 克，熟蛋黄 2 个，盐 3 克，糖粉 60 克

工具

玻璃碗 1 个，长柄刮板 1 把，烤箱 1 台

制作步骤

1. 用长柄刮板将软化的黄油刮入玻璃碗中，倒入糖粉搅拌至颜色稍变浅，呈膨松状。

2. 倒入熟蛋黄搅拌均匀后，再加入盐继续搅拌，最后分别加入低筋面粉和玉米淀粉拌匀，用手揉成面团。

3. 将面团取一小块，揉成小圆球放入烤盘，用大拇指按扁。按扁的时候，饼干会出现自然的裂纹。

4. 依次做好所有的小饼，放入预热好的烤箱中，烘烤约 20 分钟，烤至边缘稍微焦黄即可。

罗蜜雅饼干

难易度★★☆　　🕐 25分钟　　上火180℃ 下火150℃

配方

面糊部分:
黄油 80 克, 糖粉 50 克, 蛋黄 15 克,
低筋面粉 135 克
馅料部分:
糖浆 30 克, 黄油 15 克, 杏仁片适量

工具

电动搅拌器 1 台, 玻璃碗 2 个, 长柄刮
板 1 把, 三角铁板 1 个, 裱花嘴 1 个,
剪刀 1 把, 裱花袋 2 个, 高温布 1 块,
烤箱 1 台

制作步骤

1. 将黄油倒入玻璃碗中, 加入糖粉, 用电动搅拌器搅匀, 加入蛋黄, 快速搅匀。

2. 倒入低筋面粉, 用长柄刮板搅匀, 制成面糊, 装入套有裱花嘴的裱花袋里, 待用。

3. 将黄油、杏仁片、糖浆倒入玻璃碗, 用三角铁板拌匀, 制成馅料, 装入裱花袋里, 备用。

4. 将面糊挤在铺有高温布的烤盘里, 把余下的面糊挤入烤盘里, 制成饼坯。

5. 用三角铁板将饼坯中间部位压平, 挤上适量馅料。

6. 把饼坯放入预热好的烤箱里。

7. 以上火 180℃、下火 150℃烤 15 分钟至熟。

8. 取出烤好的饼干, 装盘即可。

实验心得

待黄油变软后再使用, 这样更容易搅匀。

高钙奶盐苏打饼干

难易度 ★★☆　　🕐 25分钟　　上火170℃ 下火170℃

配方

低筋面粉 130 克，黄油 20 克，鸡蛋 1 个，酵母 2 克，盐、食粉各 1 克，水 40 毫升，色拉油 10 毫升，奶粉 10 克，面粉适量

工具

刮板、玻璃碗各 1 个，叉子、刀各 1 把，烤箱 1 台，高温布 1 块，擀面杖 1 根

制作步骤

1

将奶粉放到装有100克低筋面粉的玻璃碗中，加入酵母、食粉。

2

倒在案台上，用刮板开窝，倒入水、鸡蛋，搅匀。

3

加入面粉，混合均匀，加入黄油，揉搓成大面团。

4

将30克低筋面粉倒在案台上，加入色拉油、盐。

5

混合均匀，揉搓成小面团。

6

用擀面杖将大面团擀成面皮。

7

把小面团放在面皮上，压扁。

8

将面皮两端向中间对折。

9

用擀面杖擀平，两端向中间对折。

10

再用擀面杖擀成方形面皮，用刀将面皮边缘切齐整。

11

用叉子在面皮上扎上均匀的小孔，切成方块，制成饼坯。

12

将饼坯放入铺有高温布的烤盘里，放入预热好的烤箱里，以上、下火170℃烤15分钟即可。

 实验心得

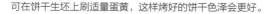

可在饼干生坯上刷适量蛋黄，这样烤好的饼干色泽会更好。

奶香曲奇

难易度 ★☆☆　　🕐 25分钟　　上火180℃　下火150℃

配方

黄油 75 克，糖粉 20 克，蛋黄 15 克，细砂糖 14 克，淡奶油 15 克，低筋面粉 80 克，奶粉 30 克，玉米淀粉 10 克

工具

电动搅拌器 1 台，裱花嘴、玻璃碗各 1 个，长柄刮板 1 把，裱花袋 1 个，烤箱 1 台，剪刀 1 把，油纸 1 张，隔热手套 1 双

制作步骤

1 取一个玻璃碗，加入糖粉、黄油，用电动搅拌器搅匀。

2 至其呈乳白色后加入蛋黄，继续搅拌。

3 再依次加入细砂糖、淡奶油、玉米淀粉、奶粉、低筋面粉，充分搅拌均匀。

4 用长柄刮板将搅拌均匀的材料再搅拌片刻。

5 将裱花嘴装入裱花袋，剪开一个小洞，用长柄刮板将拌好的材料装入裱花袋中。

6 在烤盘上铺一张油纸，将裱花袋中的材料挤在烤盘上，挤成长条形。

7 将装有饼坯的烤盘放入烤箱，以上火 180℃、下火 150℃烤 15 分钟至熟。

8 打开烤箱，戴上隔热手套将烤盘取出，装入盘中即可。

实验心得

挤出材料时，每个曲奇饼之间的空隙要大一点，以免烤好后粘连在一起。

芝麻苏打饼干

难易度★☆☆　　🕐 20分钟　　上火200℃　下火200℃

配方

酵母 3 克，水 70 毫升，低筋面粉 150 克，盐 2 克，小苏打 2 克，黄油 30 克，白芝麻、黑芝麻各适量，干粉少许

工具

擀面杖 1 根，刮板 1 个，叉子 1 把，烤箱 1 台，菜刀 1 把，高温布 1 块，隔热手套 1 双

制作步骤

1　将低筋面粉、酵母、小苏打、盐倒在案台上，充分混匀，倒入备好的水，用刮板搅拌使水被吸收。

2　加入黄油、黑芝麻、白芝麻，一边翻搅一边按压，将所有食材混匀制成平滑的面团。

3　在案台上撒上些许干粉，放上面团，用擀面杖将面团擀制成 0.1 厘米厚的面皮。

4　用菜刀将面皮四周不整齐的地方修掉，将其切成大小一致的长方片。

5　在烤盘内垫入高温布，将面皮放入烤盘内，用叉子依次在每个面片上戳上装饰的花纹。

6　将烤盘放入预热好的烤箱内，关上烤箱门。

7　上火温度调为 200 ℃，下火调为 200 ℃，时间定为 10 分钟至饼干松脆。

8　待 10 分钟过后，戴上隔热手套将烤盘取出放凉，装入盘中，即可食用。

实验心得

芝麻可以干炒片刻，烤出的饼干会更香。

娃娃饼干

难易度 ★★☆　　🕐 25分钟　　⬜ 上火170℃ 下火170℃

配方

低筋面粉 110 克, 黄油 50 克, 鸡蛋 25 克, 糖粉 40 克, 盐 2 克, 巧克力液 130 克

工具

刮板、圆形模具各 1 个, 擀面杖 1 根, 烤箱 1 台, 隔热手套 1 双, 烘焙纸 1 张, 竹签 1 根

制作步骤

把低筋面粉倒在案台上，用刮板开窝。

倒入糖粉、盐，加入鸡蛋，搅匀。

放入黄油，将材料混合均匀，揉搓成纯滑的面团。

用擀面杖把面团擀成0.5厘米厚的面皮。

用模具压出数个饼坯。

在烤盘上铺一层高温布，放入饼坯。

放入烤箱，以上、下火170℃烤15分钟至熟。

取出烤好的饼干。

在案台铺上一层烘焙纸，放上饼干。

取出饼干，部分浸入巧克力中，造出头发状。

再用竹签沾上巧克力，在饼干上画出眼睛、鼻子和嘴巴。

把饼干装入盘中即可。

实验心得

揉面团的时间不要太久，以免影响饼干酥松的口感。

瓜子仁脆饼

难易度★☆☆　　🕐 25分钟　　上火150℃
　　　　　　　　　　　　　　下火150℃

配方

蛋白80克,细砂糖50克,低筋面粉40克,瓜子100克,奶油25克,奶粉10克

工具

电动搅拌器1台,烤箱铁架、刮板各1个,刀、尺子各1把,耐高温烤箱布1块,烤箱1台

制作步骤

1 把蛋白、细砂糖倒在一起,用电动搅拌器中速打至砂糖完全溶化。

2 加入低筋面粉,放入瓜子、奶粉,拌匀至无粉粒。

3 加入化开的黄油,搅匀即为饼干糊。

4 将饼干糊倒在铺有烤箱布的烤箱铁架上。

5 利用刮板将饼干糊抹至厚薄均匀。

6 将烤箱铁架放入预热至150℃的烤箱,以上、下火烤15分钟,烤干表面后取出。

7 借助尺子在案台上将整张脆饼分切成若干个长方形脆饼后,放入烤箱继续烤。

8 烤8分钟至脆饼完全熟透,两面呈金黄色,取出冷却即可。

实验心得

将面团多揉一会儿,可以使瓜子与面团混合得更均匀。

朗姆葡萄饼干

难易度★★☆   🕐 25分钟   上火180℃ 下火180℃

配方 ————

黄油180克，葡萄干100克，低筋面粉125克，朗姆酒20毫升，糖粉150克，泡打粉3克

工具 ————

电动搅拌器1台，筛网1个，刮板1个，玻璃碗2个，烤箱1台

制作步骤

将黄油倒入玻璃碗中，用电动搅拌器快速拌匀。

倒入糖粉,搅拌均匀。

将朗姆酒倒入装有葡萄干的玻璃碗中，浸泡 5 分钟。

把低筋面粉、泡打粉过筛至第一个玻璃碗中。

用刮板搅拌均匀，再倒在案台上。

用手按压,揉成面团。

把浸泡过的葡萄干放到面团上。

按压面团，揉搓均匀，再搓成长条形。

用刮板将面团切成一个个大小均等的小剂子。

用手将小剂子揉搓成圆球状，制成朗姆葡萄饼干生坯。

把朗姆葡萄饼干生坯放入烤盘中，再将其压平。

将烤盘放入烤箱，上、下火调至180℃，烤 15 分钟至熟，取出烤好的饼干，装盘即可。

 实验心得

用朗姆酒浸泡葡萄干,可使成品的口感更佳。

曲奇饼干

难易度 ★ ☆ ☆　　🕐 35分钟　　上火170℃ 下火170℃

配方

黄油 65 克，盐 1 克，糖粉 20 克，细砂糖 15 克，低筋面粉 90 克，杏仁粉 10 克，鸡蛋 25 克

工具

电动搅拌器 1 台，烤箱 1 台，裱花袋、裱花嘴、晾网各 1 个，锡纸 1 张，橡皮刮刀 1 把

制作步骤

1　黄油软化后加入盐、糖粉，用电动搅拌器搅拌均匀。

2　分两次加入细砂糖，用电动搅拌器搅拌均匀。

3　分次加入鸡蛋液，用电动搅拌器搅拌均匀，待每次鸡蛋液被黄油完全吸收再加入下一次。

4　分次筛入低筋面粉与杏仁粉，用橡皮刮刀以切拌的方法拌匀，至看不到干粉即可。

5　烤箱预热，烤盘铺上锡纸；将裱花嘴装入裱花袋中，再把面糊装入裱花袋中。

6　在烤盘上挤出花形一致、大小均等的曲奇。

7　放入烤箱中层，以上、下火 170℃，烘烤 20 分钟左右。

8　曲奇烤好后出炉，放在晾网上放凉再装盘。

姜饼人

难易度★★☆   ⏱ 95 分钟

📺 上火 170℃
下火 170℃

配方

低筋面粉 250 克，熔化的黄油 50 克，
水 50 毫升，鸡蛋 1 个，肉桂粉 1 克，
糖粉 20 克，红糖 25 克，蜂蜜 35 克，
姜粉 1 克

工具

面粉筛、碗、保鲜袋、饼干模具各 1 个，
擀面杖 1 根，刷子 1 把，烤箱 1 台

制作步骤

1 在备好的碗中依次放入红糖、肉桂
  粉、姜粉、蜂蜜待用。

2 将鸡蛋打散成鸡蛋液，将一半蛋液、
  熔化好的黄油倒入碗中。面粉过筛后，
  倒入糖粉、水搅拌均匀，让食材充分
  混合，用手和成面团。

3 把和好的面团放在干净的保鲜袋里，
  压成饼状，将饼状面团放进冰箱 5℃
  冷藏 1 个小时。

4 将面团放在案板上，用擀面杖擀成厚
  薄均匀的薄片，用模具压出饼干模型。

5 将压好的饼干模型放在烤盘上，将剩
  余的鸡蛋液刷在饼干模型表面，静置
  20 分钟。

6 预热好的烤箱，设置上、下火 170℃，
  将烤盘放入中层，烤 13 分钟左右，将
  烤好的姜饼人取出，摆放在盘中即可。

手指饼干

难易度 ★★☆　　🕐 35分钟　　上火160℃ 下火160℃

配方

低筋面粉 60 克，细砂糖 37 克，鸡蛋 1 个

工具

面粉筛、料理碗、鸡蛋分离器、裱花袋、裱花嘴各 1 个，橡皮刮刀 1 把，油纸 1 张，电动搅拌器、烤箱各 1 台

制作步骤

1　低筋面粉过筛备用。

2　用鸡蛋分离器分离蛋清和蛋黄。

3　27 克细砂糖分三次加入蛋清打发至干性发泡。

4　蛋黄加 10 克细砂糖打发至发白浓稠状。

5　烤箱预热 170℃，烤盘上铺好油纸；打好的蛋白和蛋黄混合均匀。

6　加入面粉翻拌均匀至看不见干粉。

7　装入放好裱花嘴的裱花袋中，在烤盘上挤出大小均匀的长条，注意留出缝隙。

8　放入烤箱中层，温度设置 160℃，烤25 分钟，至表面金黄即可。

实验心得

蛋白一定要打到干性发泡的程度。

巧克力手指饼干

难易度★★★　　🕐 30分钟　　📟 上火160℃ 下火160℃

配方

低筋面粉 95 克, 细砂糖 60 克, 蛋白、蛋黄各 3 个, 糖粉少许, 白巧克力末、黑巧克力末各适量

工具

电动搅拌器 1 台, 筛网 1 个, 长柄刮板 1 把, 玻璃碗、裱花袋各 2 个, 竹签 1 根, 剪刀 1 把, 烤箱 1 台, 高温布 1 块

制作步骤

蛋白倒入玻璃碗中，用电动搅拌器打发，加入一半的细砂糖打发，即成蛋白部分。

另取一个玻璃碗，加入蛋黄、细砂糖，快速打发，即成蛋黄部分。

用筛网将低筋面粉过筛至蛋白部分中，用长柄刮板并搅拌匀。

分两次将蛋白部分加入到蛋黄部分中，并搅拌均匀，即成面糊。

用长柄刮板将面糊装入裱花袋中，用剪刀将裱花袋尖端剪出小口。

在铺有高温布的烤盘上挤入面糊。

用筛网将糖粉过筛至饼干生坯上。

将烤箱温度调成上、下火160℃，放入烤盘，烤10分钟至熟。

取出烤盘，将饼干装入盘中。

将适量黑巧克力末、白巧克力末隔水加热至熔化，倒入裱花袋中。

将手指饼干放入黑巧克力液中，蘸上黑巧克力液，挤上白巧克力液。

用竹签在饼干上划线，形成花纹即可。

实验心得

做巧克力花纹时，不要做得太粗，以免破坏美观。

造型饼干

难易度★★☆ 25分钟　上火180℃ 下火180℃

配方

低筋面粉 250 克，无盐黄油 120 克，砂糖 100 克，鸡蛋 1 个，杏仁粉 50 克，盐 1/4 小勺，泡打粉 1/2 小勺

工具

过筛器 1 个，橡皮刮刀 1 把，烘焙垫 1 块，擀面杖 1 根，饼干模具 3 个，油纸、保鲜膜各 1 张，电动搅拌器、烤箱各 1 台

制作步骤

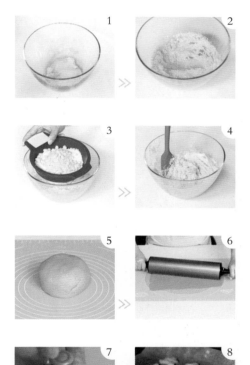

1　黄油室温软化后，加入盐，分 2~3 次加入砂糖打发黄油。

2　将打散的蛋液分次加入黄油中，用电动打蛋器继续搅打，使其呈均匀的黄油糊状态，每次都要搅打至黄油与鸡蛋液完全融合才能加入下一次蛋液，以免出现油水分离。

3　将低筋面粉、杏仁粉、泡打粉混合过筛，加入打发后的黄油糊中。

4　使用橡皮刮刀以不规则的方向切拌。

5　搅拌到看不到干粉后，将面糊倒在烘焙垫上，用手揉成面团。

6　将其擀成厚约 0.5 厘米的面片，包好保鲜膜，放入冰箱冷藏 1 小时。

7　用饼干模具在面片上按压出各种形状，并移至铺好油纸的烤盘上。

8　烤箱提前预热到 170℃~180℃，烘烤 13~15 分钟至饼干的边缘呈浅褐色即可。

实验心得

面团一定要放入冰箱冷藏哦，要不然很难擀成片。

纽扣饼干

难易度★☆☆　　🕐 25分钟　　上火160℃ 下火160℃

配方 ────────────

低筋面粉 120 克，盐 1 克，细砂糖 40 克，黄油 65 克，牛奶 35 毫升，香草粉 3 克

工具 ────────────

刮板 1 个，竹签 1 支，模具 1 个，擀面杖 1 根，烤箱 1 台，高温布 1 块

制作步骤 ────────────

1　低筋面粉、盐、香草粉倒在案台上，用刮板开窝。

2　加细砂糖、牛奶，放入黄油。

3　拌至材料融合，再揉成面团。

4　将面团擀薄成 0.3 厘米厚的面皮。

5　取模具压出饼干的形状，用竹签点上数个小孔，制成生坯。

6　将生坯放入铺有高温布的烤盘，摆整齐。

7　烤箱预热，放入烤盘。

8　关好烤箱门，以上、下火均 160℃的温度烤约 15 分钟，取出烤盘，将饼干装盘即成。

实验心得

用竹签点小孔时不能太用力，以免戳漏。

双色耳朵饼干

难易度★★★　　🕐 65分钟　　🔲 上火180℃ 下火180℃

配方

黄油130克，香芋色香油适量，低筋面粉205克，糖粉65克

工具

刮板1个，筛网1个，擀面杖1根，保鲜膜1张，烤箱1台，刀1把，隔热手套1双

制作步骤

把黄油、糖粉倒在案台上，用刮板将两者混合均匀。

将低筋面粉过筛至混匀的材料上，按压，拌匀，揉搓成面团。

将面团揉搓成长条，切成两半，取其中一半面团，压平，倒入适量香芋色香油，揉搓成香芋面团。

将香芋面团压扁，制成香芋面片；用擀面杖将另一半面团擀成薄面片。

将香芋面片放在薄面片上，按压一下，制成面皮。

用刮板将面皮切整齐，将面皮卷成卷，揉搓成细长条。

将面条两端不平整的部分切去，再用刀对半切开。

用保鲜膜包好，放入冰箱冷冻30分钟。

取出冷冻好的材料，撕开保鲜膜，把一端切整齐。

再切成厚度为0.5厘米的小剂子，放入烤盘。

将烤盘放入烤箱，上、下火调至180℃，烤15分钟至熟。

取出烤好的双色耳朵饼干，将其装入盘中即可。

 实验心得

小剂子的厚度要切得均匀，这样烤出来的饼干厚度才能一致。

蔓越莓酥条

难易度★☆☆    25分钟   上火180℃ 下火160℃

配方

低筋面粉 80 克，黄油 40 克，细砂糖 40 克，蛋黄 25 克，蔓越莓干 30 克，泡打粉 1 克，盐 2 克

工具

玻璃碗、刮板各 1 个，长柄刮板、刀各 1 把，烤箱、冰箱各 1 台

制作步骤

1 将软化后的黄油用长柄刮板刮入玻璃碗中，然后加入细砂糖拌匀。

2 往碗中加入打散的蛋黄搅拌，接着加入盐继续搅拌。

3 接着往蛋糊中加入低筋面粉和泡打粉，搅拌均匀。

4 在面糊中加入适量切碎的蔓越莓干。

5 将面糊揉成柔软的面团放在砧板上，再用刮板按压成厚约 2 厘米的长方形面片。

6 将面片放入冰箱冷冻半个小时以上，直到面皮变硬方可取出。

7 用刀将变硬的面片切成厚度一致的小条。

8 将生坯摆放在垫好烘焙纸的烤盘上，放入预热好的烤箱中，以上火 180℃、下火 160℃烘烤 16~18 分钟，至小条表面呈现金黄色即可。

实验心得

烘焙中对于材料混合搅拌之所以要分多次进行，是为了让材料与材料之间更好地融合。

奇异果小饼干

难易度★★★ 　⏱ 40 分钟 　🔲 上火170℃
　　　　　　　　　　　　　下火170℃

配方

低筋面粉 275 克，黄油 150 克，糖粉 100 克，鸡蛋 50 克，抹茶粉 8 克，可可粉 5 克，吉士粉 5 克，黑芝麻适量

工具

刮板 1 个，擀面杖 1 根，保鲜膜适量，刀 1 把，高温布 1 块，烤箱 1 台

制作步骤

案台上倒低筋面粉，用刮板开窝，倒入糖粉，加入鸡蛋，搅匀。

加入黄油，将材料混合均匀，揉搓成面团。

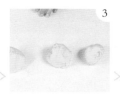

把面团分成三份，取其中一个面团，加入吉士粉，揉搓均匀。

取另一个面团，加入可可粉，揉搓均匀。

将最后一个面团加入抹茶粉，揉搓均匀。

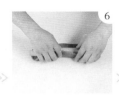

将吉士粉面团搓成条状，把抹茶粉面团擀成面皮，放入吉士粉面条，卷好。

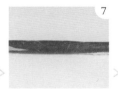

再裹上保鲜膜，放入冰箱，冷冻2小时至定型。

取出冻好的面条，把可可粉面团擀成面皮。

把冻好的面条放入可可粉面皮中，包裹好，制成三色面条，裹上保鲜膜。

把三色面条放入冰箱，冷冻2小时至定型，撕去保鲜膜，用刀切成厚度均匀的饼坯。

把饼坯放入铺有高温布的烤盘里，在饼坯中心点缀上适量黑芝麻。

将烤盘放入烤箱，以上、下火170℃烤15分钟至熟，取出烤好的饼干即可。

 实验心得

揉搓材料时不需要过分用力，以免面团过硬，影响口感。

PART 3

麦香十足的元气面包

既然已尝试了饼干的酥脆，

那么当然得与烘焙"三巨头"之一的面包碰碰面了。

虽说面包以揉面的难度与力度令人心生胆怯，

但想要战胜它也并非不可。

只要准备妥帖，

随时可向位列烘焙难度之首的面包下战书，

挑战它的柔软，自然不在话下。

贝果

难易度 ★ ☆ ☆　 130 分钟　 上火190℃ 下火190℃

配方 ————————————

高筋面粉 500 克, 黄油 70 克, 奶粉 20 克, 细砂糖 100 克, 盐 5 克, 鸡蛋 1 个, 水 200 毫升, 酵母 8 克, 蜂蜜适量

工具 ————————————

搅拌器 1 个, 玻璃碗 1 个, 刮板 1 个, 保鲜膜 1 张, 擀面杖 1 根, 刷子 1 把, 电子秤 1 台, 烤箱 1 台

制作步骤

1	2	3	4
将细砂糖、水倒入玻璃碗中，用搅拌器搅拌至细砂糖溶化。	把高筋面粉、酵母、奶粉倒在案台上，用刮板开窝。	倒入备好的糖水，将材料混合均匀，并按压成形。	加入鸡蛋，将材料混合均匀，揉搓成面团。

5	6	7	8
将面团稍微拉平，倒入黄油，揉搓均匀。	加入适量盐，揉搓成光滑的面团，用保鲜膜将面团包好，静置10分钟。	用电子秤称取数个60克的小面团。	揉搓成圆球形，并用擀面杖将面团擀成面皮。

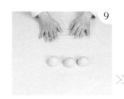   

9	10	11	12
将面皮两边向中间折叠起来，用手搓成细长条，将一端擀平。	把长条围成圆圈，将两端固定在一起，制成贝果生坯。	把贝果生坯放入烤盘中，使其发酵90分钟。	放入烤箱，以上、下火190℃，烤15分钟至熟，刷上适量蜂蜜即可。

 实验心得

刷上蜂蜜不仅可以使成品看起来光亮，而且口感会更好。

全麦吐司

难易度 ★☆☆　　🕐 65分钟　　 上火150℃
下火170℃

配方

高筋面粉 195 克，全麦面粉 100 克，酵母 4 克，水 210 毫升，盐 3 克，细砂糖 25 克，黄油 25 克

工具

玻璃碗、刮板、吐司模具、擀面杖各 1 个，烤箱 1 台，刷子 1 把

制作步骤

1　把高筋面粉、全麦面粉、细砂糖倒入玻璃碗中，搅拌均匀。

2　加入盐、酵母，继续搅拌均匀。

3　分多次加入水进行搅拌，再加入黄油，揉合均匀成面团。

4　用刮板把面团分割成每份约 130 克的小份并用擀面杖把面团整形。

5　把面团放入刷好黄油的吐司模具中。

6　在烤箱下层放入装好水的烤盘，预热烤箱。

7　烤箱保持 30℃ 左右的温度，把放着面团的烤盘放进烤箱中层进行发酵约 30 分钟。

8　取出发酵中的面团，观察其发酵程度，再放入烤箱上火 150℃、下火 170℃ 烘烤约 25 分钟，取出烤好的吐司装盘即可。

实验心得

因为麦麸会影响面筋的生成，所以全麦面粉较难揉到完全阶段。在做全麦吐司的时候，我们只要将面团揉到扩展阶段就可以了。

早餐包

110分钟

上火190℃
下火190℃

配方

高筋面粉 500 克, 黄油 70 克, 奶粉 20 克, 细砂糖 100 克, 盐 5 克, 鸡蛋 1 个, 水 200 毫升, 酵母 8 克, 蜂蜜适量

工具

搅拌器 1 个, 玻璃碗 1 个, 刮板 1 个, 保鲜膜 1 张, 电子秤 1 台, 烤箱 1 台, 刷子 1 把

制作步骤

将细砂糖、水倒入玻璃碗中，用搅拌器搅拌至细砂糖溶化。

把高筋面粉、酵母、奶粉倒在案台上，用刮板开窝。

倒入早已准备好的糖水。

将材料混合均匀，并按压成形。

加入鸡蛋，将材料混合均匀，揉搓成面团。

将面团稍微拉平，倒入黄油，揉搓均匀。

加入适量盐，揉搓成光滑的面团。

用保鲜膜将面团包好，静置10分钟。

用电子秤称取数个60克的小面团。

把小面团揉搓成圆球形。

把小面团放入烤盘中，使其发酵90分钟。

放入烤箱，上、下火均为190℃，烤15分钟至熟，刷上适量蜂蜜即可。

 实验心得

揉搓面团时，如果面团粘手，可以撒上适量面粉。

红豆方包

难易度 ★ ☆ ☆ 150分钟 上火190℃ 下火190℃

配方

高筋面粉500克，黄油70克，奶粉20克，细砂糖100克，盐5克，鸡蛋1个，水200毫升，酵母8克，红豆粒40克

工具

搅拌器、刮板、方形模具各1个，刷子1把，擀面杖1根，烤箱1台

制作步骤

1. 将细砂糖倒入大碗中，加入清水。
2. 用搅拌器搅拌至糖分溶化，制成糖水，待用。
3. 将高筋面粉倒在案台上，加入酵母、奶粉，用刮板混合均匀，再开窝。
4. 倒入糖水，混合均匀，揉搓成面团，加入鸡蛋，揉搓均匀，放入备好的黄油，揉搓均匀。
5. 加入盐，揉搓成光滑的面团，用保鲜膜将面团包好，静置10分钟。
6. 去掉保鲜膜，在模具内侧刷上一层黄油，待用。
7. 用擀面杖把面团擀成长面皮，铺上一层红豆粒，从一端开始，把面皮卷成卷，揉成橄榄形，制成生坯，放入模具里，在常温下发酵90分钟，使其发酵至原体积的2倍。
8. 盖上模具盖，放入预热好的烤箱，关上箱门，以上火190℃、下火190℃烤40分钟至熟，取出即可。

丹麦吐司

难易度 ★★☆　　 70分钟

 上火200℃
下火170℃

配方

高筋面粉 170 克，低筋面粉 30 克，黄油 20 克，鸡蛋 40 克，片状酥油 70 克，水 80 毫升，细砂糖 50 克，酵母 4 克，奶粉 20 克

工具

刮板、方形模具各 1 个，擀面杖 1 根，烤箱 1 台

制作步骤

1　将高筋面粉、低筋面粉、奶粉、酵母倒在案板上，搅拌均匀。在中间掏一个粉窝，倒入备好的细砂糖、鸡蛋，将其拌匀。倒入清水，将内侧一些的粉类跟水搅拌匀，再倒入黄油，一边翻搅一边按压，制成表面平滑的面团。

2　撒点干粉在案板上，用擀面杖将揉好的面团擀制成长形面片，放入备好的片状酥油，将另一侧面片覆盖，把四周的面片封紧，用擀面杖擀至里面的酥油分散均匀，将擀好的面片叠成三层，再放入冰箱冰冻 10 分钟。

3　待 10 分钟后将面片拿出继续擀薄，依此擀薄、冰冻，并反复进行 3 次，再拿出擀薄擀大，卷成吐司的面坯放入模具内，发酵至原来形态的两倍大。

4　将模具放入烤箱底层，上火温度调为 200℃，下火调为 170℃，时间定为 25 分钟，至面包松软，取出即可。

花生卷

难易度★☆☆　　🕐 130分钟　　📺 上火190℃
下火190℃

配方

高筋面粉 500 克，黄油 70 克，奶粉 20 克，细砂糖 100 克，盐 5 克，鸡蛋 1 个，水 200 毫升，酵母 8 克，花生碎、蛋黄各适量

工具

玻璃碗、搅拌器、刮板各 1 个，刷子 1 把，电子秤、烤箱各 1 台，保鲜膜适量，隔热手套 1 双

制作步骤

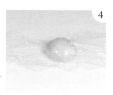

1 将细砂糖、水倒入玻璃碗中，用搅拌器搅拌至细砂糖溶化，待用。

2 把高筋面粉、酵母、奶粉倒在案台上，用刮板开窝，倒入糖水，将材料混合均匀，并按压成形。

3 加入鸡蛋，将材料混合均匀，揉搓成面团，稍微拉平，倒入黄油、盐，揉搓成光滑的面团。

4 用保鲜膜将面团包好，静置 10 分钟。

5 将面团分成数个 60 克一个的小面团，揉搓成圆形，用手压扁。

6 放入花生碎包好，揉搓成圆球，然后搓成细长条。

7 打成结，制成花生卷生坯，放入烤盘中，使其发酵 90 分钟，刷适量蛋黄。

8 把烤盘放入烤箱，以上、下火 190℃烤 15 分钟，最后取出即可。

实验心得

面团要揉至有弹性，这样烤好的面包才会更松软。

肉松包

难易度★★☆　 130 分钟　 上火190℃ 下火190℃

配方

高筋面粉 500 克，黄油 70 克，奶粉 20 克，细砂糖 100 克，盐 5 克，鸡蛋 50 克，水 200 毫升，酵母 8 克，肉松 10 克，沙拉酱适量

工具

刮板、搅拌器各 1 个，擀面杖 1 根，蛋糕刀、刷子各 1 把，烤箱 1 台，保鲜膜适量，隔热手套 1 双，玻璃碗 1 个，电子秤 1 台

制作步骤

将细砂糖、水倒入容器中，搅拌至细砂糖溶化，待用。

把高筋面粉、酵母、奶粉倒在案台上，用刮板开窝。

倒入备好的糖水，混合均匀，并按压成形。

加入鸡蛋，混合均匀，揉搓成面团。

将面团稍微拉平，倒入黄油，揉搓均匀。

加入适量盐，揉搓成光滑的面团，用保鲜膜将面团包好，静置10分钟。

将面团分成数个60克一个的小面团。

把小面团揉搓成圆形，用擀面杖将面团擀平。

将面团卷成卷，揉成橄榄形，放入烤盘，使其发酵90分钟。

将烤箱调为上火190℃、下火190℃，预热后放入烤盘，烤15分钟至熟，取出。

用蛋糕刀斜切面包，但不切断，在面包中间挤入沙拉酱。

在面包表面刷上少许沙拉酱，均匀地铺上适量肉松，装入盘中即可。

 实验心得

在面包表层刷沙拉酱，可使肉丝不易掉下。

豆沙卷面包

难易度★★☆　　🕐 120分钟　　📟 上火170℃ 下火160℃

配方

高筋面粉 250 克, 干酵母 2 克, 黄油 30
克, 鸡蛋 30 克, 盐 3 克, 细砂糖 100 克,
牛奶 15 毫升, 水 120 毫升, 全蛋液适量,
红豆沙 125 克

工具

烤箱、面包机各 1 台, 刀、刷子各 1 把,
擀面杖 1 根

制作步骤

1 备好面包机, 依次放入水、牛奶、鸡
  蛋、细砂糖、高筋面粉、干酵母、盐、
  黄油, 按下启动键进行和面。

2 将发酵好的面团分成重约 60 克的小
  面团。

3 将面团按扁, 包入红豆沙。

4 把包好红豆沙的面团用擀面杖擀成
  长椭圆形。

5 在面饼表面斜切数刀排气, 头尾不
  要切断。

6 将面团从上往下卷起来, 卷成一长
  条形状, 两头捏住制成圆圈。

7 把面包卷放在烤盘上, 移入烤箱中
  发酵 1~2 小时。

8 在发酵好的面团表面轻轻刷上一层
  全蛋液, 放入预热好的烤箱, 烤制
  10~12 分钟即可。

实验心得

发酵建议放在温度为 38℃、湿度 80% 以上的环境中进行, 直到面团变成原来的 2 倍大,
时间约 40 分钟即可。

核桃面包

难易度 ★★☆　　 130 分钟　　 上火190℃
下火190℃

配方

高筋面粉 500 克, 黄油 70 克, 奶粉 20 克,
细砂糖 100 克, 盐 5 克, 鸡蛋 1 个, 水
200 毫升, 酵母 8 克, 核桃仁适量

工具

搅拌器 1 个, 玻璃碗 1 个, 刮板 1 个,
保鲜膜 1 张, 剪刀 1 把, 擀面杖 1 根,
电子秤 1 台, 烤箱 1 台, 隔热手套 1 双

制作步骤

将细砂糖、水倒入玻璃碗中，用搅拌器搅拌，直至细砂糖溶化。

把高筋面粉、酵母、奶粉倒在案台上，用刮板开窝。

倒入备好的糖水，将材料混合均匀，并按压成形。

加入鸡蛋，将材料混合均匀，揉搓成面团。

将面团稍微拉平，倒入黄油，揉搓均匀。

加入适量盐，揉搓成光滑的面团。

用保鲜膜将面团包好，静置 10 分钟。

用电子秤称取数个60 克的小面团。

将小面团揉搓成圆形，用手压平，再用擀面杖擀薄。

用剪刀剪出 5 个小口，呈花形。

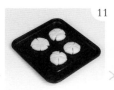

将花形面团放入烤盘中，自然发酵 90分钟，放入适量核桃仁。

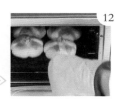

放入烤箱，上、下火均为 190℃，烤15 分钟至熟。

 实验心得

可以根据自己的喜好，添加其他果仁。

意大利面包棒

难易度 ★ ☆ ☆　　🕐 135 分钟　　📟 上火 200℃ 下火 200℃

配方

高筋面粉 500 克，黄油 70 克，奶粉 20 克，细砂糖 100 克，盐 5 克，鸡蛋 1 个，水 200 毫升，酵母 8 克，橄榄油适量

工具

搅拌器 1 个，玻璃碗 1 个，刮板 1 个，保鲜膜 1 张，刷子 1 把，擀面杖 1 根，烤箱 1 台

制作步骤

1. 将细砂糖、水倒入玻璃碗中，用搅拌器搅拌至细砂糖溶化。

2. 将高筋面粉倒在案台上，加入酵母、奶粉，用刮板混合均匀，再开窝。

3. 倒入糖水，刮入混合好的高筋面粉，混合成湿面团。

4. 加入鸡蛋，揉搓均匀，加入准备好的黄油，继续揉搓，充分混合。

5. 加入盐，揉搓成光滑的面团，用保鲜膜把面团包裹好，静置 10 分钟醒面。

6. 取一半面团，用刮板分切成 4 个等份的剂子，搓成圆球状，再用擀面杖将面团擀成面皮，卷起，搓成长条状，制成生坯。

7. 把生坯装入烤盘，发酵至原来的两倍大，刷上一层橄榄油。

8. 将烤箱上、下火均调为 200℃，预热 5 分钟，放入发酵好的生坯，烤 20 分钟至熟即可。

肉松起酥面包

难易度★★☆　　　🕐 60 分钟

🔲 上火 200℃
　　 下火 200℃

配方

高筋面粉 170 克，低筋面粉 30 克，细砂糖 50 克，黄油 20 克，奶粉 12 克，盐 3克，干酵母 5 克，水 88 毫升，鸡蛋 40 克，片状酥油 70 克，肉松 30 克，鸡蛋 1 个，黑芝麻适量

工具

玻璃碗、刮板各 1 个，刷子 1 把，油纸1 张，烤箱 1 台

制作步骤

1　将低筋面粉倒入高筋面粉中，倒入奶粉、干酵母、盐拌匀，倒入水、细砂糖，搅拌均匀，放入鸡蛋，拌匀，揉搓成湿面团，加入黄油，揉搓成光滑的面团。

2　油纸包好片状酥油，擀薄。

3　将面团擀成薄片制成面皮，放上酥油片，将面皮折叠擀平，先将三分之一的面皮折叠，再将剩下的折叠起来，放入冰箱，冷藏 10 分钟，取出，继续擀平，将上述动作重复操作两次，制成酥皮。

4　取酥皮，刷上一层蛋液，铺一层肉松，对折，其中一面刷上一层蛋液，撒上适量黑芝麻，制成面包生坯。

5　备好烤盘，放上生坯；预热烤箱，温度调至上火 200℃、下火 200℃，放入烤盘，烤 15 分钟至熟，取出烤盘即可。

丹麦腊肠面包

难易度★★☆　　🕐 80分钟　　🔲 上火200℃ 下火200℃

配方

高筋面粉 170 克，低筋面粉 30 克，细砂糖 50 克，黄油 20 克，奶粉 12 克，盐 3 克，干酵母 5 克，水 88 毫升，鸡蛋 40 克，片状酥油 70 克，腊肠 1 根，鸡蛋 1 个

工具

玻璃碗、刮板各 1 个，刷子 1 把，油纸 1 张，烤箱 1 台

制作步骤

1 将低筋面粉倒入装有高筋面粉的碗中，拌匀，倒入奶粉、干酵母、盐拌匀，倒在案台上，用刮板开窝。

2 倒入水、细砂糖，搅拌均匀，放入鸡蛋，混合均匀，揉搓成湿面团，加入黄油，揉搓成光滑的面团。

3 用油纸包好片状酥油，用擀面杖将其擀薄，待用。

4 将面团擀成薄片，制成面皮，放上酥油片，将面皮折叠，擀平，先将三分之一的面皮折叠，再将剩下的折叠起来，放入冰箱，冷藏 10 分钟。

5 取出，继续擀平，将上述动作重复操作两次，制成酥皮，将其边缘切平整；腊肠切成两段。

6 酥皮上刷一层蛋液，放腊肠，将酥皮两端往中间对折，包裹住腊肠。

7 将裹好的酥皮面朝下放置，制成面包生坯，并放入烤盘，刷入一层蛋液。

8 预热烤箱，温度调至上、下火 200℃，放入烤盘，烤 15 分钟至熟，取出即可。

实验心得

若没有低筋面粉，可以用高筋面粉和玉米淀粉以比例 1∶1 进行调配。

火腿面包

难易度 ★★☆　　130分钟　　上火190℃　下火190℃

配方

高筋面粉500克，黄油70克，奶粉20克，细砂糖100克，盐5克，鸡蛋50克，水200毫升，酵母8克，火腿肠4根，黄油适量

工具

刮板、搅拌器各1个，擀面杖1根，烤箱1台，刷子1把

制作步骤

将细砂糖、水倒入容器中，搅拌至细砂糖溶化，待用。

把高筋面粉、酵母、奶粉倒在案台上，用刮板开窝。

倒入备好的糖水，混合均匀，并按压成形。

加入鸡蛋，混合均匀，揉搓成面团。

将面团稍微拉平，倒入黄油，揉搓均匀。

加入适量盐，揉搓成光滑的面团。

用保鲜膜将面团包好，静置10分钟。

将面团分成数个60克一个的小面团，揉搓成圆形。

用擀面杖将面团擀平，从一端开始，将面团卷成卷，搓成细长条状。

再沿着火腿肠卷起来，制成火腿面包生坯，放入烤盘，使其发酵90分钟。

将烤箱调为上、下火190℃，预热后放入烤盘，烤15分钟至熟。

从烤箱中取出烤盘，刷适量黄油，装入盘中即可。

 实验心得

搓成的长条不宜太粗，否则不易熟透。

丹麦牛角包

难易度★★☆　　150分钟　　上火200℃ 下火190℃

配方

高筋面粉 170 克，低筋面粉 30 克，鸡蛋 40 克，酵母 4 克，黄油 20 克，片状酥油 70 克，奶粉 20 克，细砂糖 50 克，清水 80 毫升

工具

刮板 1 个，擀面杖 1 根，尺子、刀各 1 把，烤箱 1 台

制作步骤

1　将高筋面粉、低筋面粉、奶粉、酵母倒在面板上，搅拌均匀，倒入细砂糖、鸡蛋、清水，将内侧一些的粉类跟水搅拌匀。

2　倒入黄油，一边翻搅一边按压，制成表面平滑的面团。

3　撒点干粉在面板上，用擀面杖将揉好的面团擀制成长形面片，放入片状酥油。

4　将另一侧面片覆盖，把四周的面片封紧，用擀面杖擀至里面的酥油分散均匀，叠成三层，再放入冰箱冷冻 10 分钟。

5　待 10 分钟后将面片拿出继续擀薄，依此擀薄、冷冻，并反复进行 3 次，再拿出擀薄擀大。

6　将不整齐的边切掉，借助量尺，将面片切成大小一致的长等腰三角形的面皮。

7　依次将面皮从宽的那端慢慢卷制成面坯，放入烤盘，发酵至原来的 2 倍大。

8　将烤盘放入预热好的烤箱，以上火 200℃、下火 190℃烤 15 分钟即可。

实验心得

不确定面团是否揉好的时候，可以将面团揪一块拉平放在手指上撑开看一下延展性。

培根可颂

难易度 ★★☆　 140分钟　上火190℃ 下火190℃

配方 ────────

高筋面粉170克，低筋面粉30克，细砂糖50克，黄油20克，奶粉12克，盐3克，干酵母5克，水88毫升，鸡蛋40克，片状酥油70克，培根40克，沙拉酱适量

工具 ────────

刮板1个，擀面杖1根，刷子1把，烤箱1台，隔热手套1双

制作步骤

1

将低筋面粉倒入装
有高筋面粉的碗中,
拌匀。

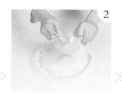

2

倒入奶粉、干酵母、
盐,拌匀,倒在案
台上,用刮板开窝,
倒入水、细砂糖,
搅拌均匀。

3

放入鸡蛋,拌匀,
混合均匀,揉搓成
湿面团。

4

加入黄油,揉搓成
光滑的面团。

5

用油纸包好片状酥
油,用擀面杖将其
擀薄,待用。

6

将面团擀成薄片,
放上酥油片,将面
皮折叠,把面皮擀平。

7

先将三分之一的面
皮折叠,再将剩下
的折叠起来,放入
冰箱,冷藏10分钟。

8

取出,继续擀平,
将上述动作重复操
作两次。

9

取适量酥皮,用擀
面杖擀薄,用刀将
边缘切平整,改切
成三角块。

10

把培根放在酥皮
上,卷成羊角状,
制成生坯,装入烤
盘,刷上一层沙拉
酱,常温下1.5小
时发酵。

11

将烤箱上、下火均
调为190℃,预热
5分钟,打开箱门,
放入发酵好的生坯。

12

关上箱门,烘烤15
分钟至熟,打开箱
门,把烤好的面包
取出即可。

 实验心得

除沙拉酱外,还可根据个人的口味喜好,选择蓝莓酱、草莓酱等果酱刷在可颂生坯上。

牛角包

难易度 ★★☆　🕐 160 分钟　🔲 上火170℃ 下火160℃

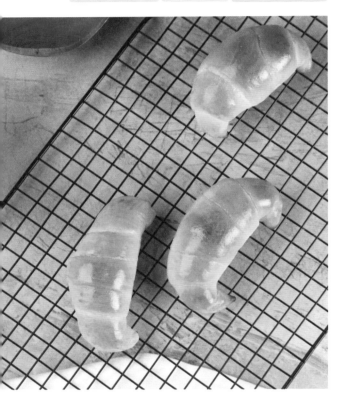

配方

高筋面粉 520 克，牛奶 205 毫升，酵母 10 克，奶粉 13 克，细砂糖 79 克，鸡蛋 47 克，炼乳 7 克，稀奶油 30 克，冰水 25 毫升，黄油 30 克，盐 6 克，蛋液适量，食用油适量

工具

搅拌器 1 个，擀面杖 1 根，油刷 1 把，烤箱 1 台，保鲜膜 1 张

制作步骤

1　把 170 克高筋面粉过筛后，加入 100 毫升牛奶和 4 克酵母，混合，揉成圆球状，放入刷过一层油的盆内，盖上保鲜膜，28℃室温发酵约 1 小时，即为面种。

2　350 克高筋面粉、奶粉、6 克酵母混合均匀后，在中间留出洞状。

3　细砂糖、鸡蛋、105 毫升牛奶、炼乳、稀奶油、冰水混合后，用搅拌器搅匀，倒入面糊中，再放入面种揉至展开后薄处有刺角状。

4　把面团压扁，加入室温软化的黄油和盐，揉至透过面团的薄膜可以清晰看到指纹，盖上保鲜膜，35℃的室温发酵约 20 分钟即可。

5　取 150 克面团，分成每个 50 克的小面团，搓成胡萝卜的形状，擀成长三角形，轻轻卷起来，把两头搓尖，弯成牛角的形状，刷上少许蛋液。

6　放在烤盘上，温度 30℃入烤箱发酵约 15 分钟，烤箱温度调至上火170℃、下火 160℃烤约 15 分钟即可。

南瓜面包

难易度★★☆ 　　 🕐 120 分钟

🔲 上火180℃
下火150℃

配方

高筋面粉 520 克，牛奶 205 毫升，酵母 10 克，奶粉 13 克，细砂糖 79 克，鸡蛋 47 克，炼乳 7 克，稀奶油 30 克，冰水 25 毫升，黄油 30 克，盐 6 克，蛋液适量，罐头红豆 15 克

工具

搅拌器 1 个，油刷 1 把，烤箱 1 台，保鲜膜 1 张，棉线 2 根

制作步骤

1　把 170 克高筋面粉过筛后，加入 100 毫升牛奶和 4 克酵母混合，揉成圆球状，盖上保鲜膜，28℃室温发酵约 1 小时，即为面种。

2　350 克高筋面粉、奶粉、6 克酵母混合均匀后，将中间留出洞状。

3　将细砂糖、鸡蛋、105毫升牛奶、炼乳、稀奶油、冰水混合后，用搅拌器搅匀，倒入面糊中，再放入面种搓揉，压扁，加入黄油和盐，揉至光滑，盖上保鲜膜，35℃的室温发酵约 20 分钟。

4　用刮板分出 2 个 35 克的面团，擀成圆饼，放上少许红豆，滚圆。

5　把棉线放在面团下面，把棉线十字交叉摆放，绑紧，抓紧棉线两端再次绑一个结，把面团分割成 6 等份。

6　放在烤盘上，温度 35℃发酵 15 分钟，刷少许蛋液，放入烤箱，上火 180℃、下火 150℃烤约 14 分钟即可。

哈雷面包

配方

面团部分:

高筋面粉 500 克,黄油 70 克,奶粉 20 克,细砂糖 100 克,盐 5 克,鸡蛋 50 克,水 200 毫升,酵母 8 克

哈雷酱部分:

色拉油 50 毫升,细砂糖 60 克,鸡蛋 55 克,低筋面粉 60 克,吉士粉 10 克

装饰部分:

巧克力果膏少许

工具

刮板 1 个,长柄刮板 1 把,搅拌器 1 个,电动搅拌器 1 个,玻璃碗 2 个,裱花袋 2 个,保鲜膜 1 张,剪刀 1 把,牙签 1 根,电子秤 1 台,烤箱 1 台,隔热手套 1 双

制作步骤

1

将细砂糖、水倒入玻璃碗中，用搅拌器搅拌至细砂糖溶化。

2

把高筋面粉、酵母、奶粉倒在案台上，用刮板开窝，倒入糖水混合均匀，并按压成形。

3

加入鸡蛋，揉搓成面团，稍微拉平，倒入黄油，揉搓至与面团完全融合。

4

加入适量盐，揉搓成光滑的面团，用保鲜膜将面团包好，静置10分钟。

5

去除保鲜膜，将面团分成大小均等的小面团，称取数个60克的小面团，揉搓成圆球形。

6

取3个小面团，放入烤盘中，使其发酵90分钟，备用。

7

将鸡蛋、细砂糖用电动搅拌器快速搅拌均匀，一边加入色拉油，一边搅拌。

8

倒入低筋面粉、吉士粉，搅拌均匀，即成哈雷酱，装入裱花袋中。

9

将哈雷酱以划圆圈的方式，挤在面团上。

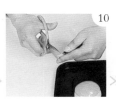

10

把巧克力果膏装入另一个裱花袋中，以划圆圈的方式挤在哈雷酱上。

11

用牙签从面包酱顶端往下向四周划花纹，划至花纹呈蜘蛛网状。

12

放入烤箱，以上、下火均为190℃烤15分钟至熟即可。

 实验心得

色拉油要分次倒入，这样才能使材料搅拌得更均匀。

腊肠卷

配方

高筋面粉 110 克，低筋面粉 40 克，细砂糖 20 克，蛋黄 10 克，牛奶 80 毫升，盐 3 克，酵母 3 克，黄油 15 克，腊肠 3 根

工具

刮板 1 个，擀面杖 1 根，刀 1 把，高温布 1 块，烤箱 1 台

制作步骤

1　将高筋面粉倒在案台上，加入低筋面粉，再加入盐、酵母，用刮板混合均匀。

2　再用刮板开窝，倒入蛋黄、细砂糖，搅匀，加入牛奶，搅拌均匀。

3　放入黄油，拌入混合好的面粉，揉搓成光滑的面团。

4　把面团分成数个大小均等的剂子，搓成小面团，擀成厚薄均匀的面皮。

5　将面皮卷成条，再搓成细条状；用刀将腊肠均匀地切段。

6　把面条依次卷在腊肠上，制成腊肠卷生坯，再按照相同的方法制作数个腊肠卷生坯。

7　放在垫有高温布的烤盘里，常温 1.5 小时发酵。

8　将发酵好的生坯放入烤箱，以上、下火均为 190℃烤 10 分钟至熟即可。

实验心得

擀制完成后的面皮应尽快地卷起，不宜放置过久，否则卷起的面团松懈，影响生坯的质量。

奶油面包

难易度★★☆　 60 分钟　 上火170℃ 下火170℃

配方

高筋面粉 250 克，清水 100 毫升，白糖 50 克，黄油 35 克，酵母 4 克，奶粉 20 克，蛋黄 15 克，打发鲜奶油、椰蓉、糖浆各适量

工具

刮板、裱花袋、裱花嘴各 1 个，擀面杖 1 根，长柄刮板、蛋糕刀、刷子、剪刀各 1 把，烤箱 1 台

制作步骤

1 将高筋面粉倒在案板上，加上酵母和奶粉，拌匀，开窝，撒上白糖，注入清水，倒入备好的蛋黄，慢慢地搅拌匀，放入黄油，用力地揉一会儿，至材料呈纯滑的面团，待用。

2 面团分成 4 个 60 克左右的小剂子，依次搓圆、擀薄，再翻转剂子，从前端开始，慢慢往回收，卷成橄榄状。

3 置于烤盘中，发酵约 30 分钟，至生坯胀发开来。

4 烤箱预热，放入烤盘，以上、下火均

为 170℃的温度烤约 13 分钟。

5 断电后取出烤盘，静置一会儿，至面包冷却，再依次用蛋糕刀从中间划开，刷上一层糖浆，蘸上椰蓉，待用。

6 取一裱花袋，放入裱花嘴，倒入打发鲜奶油，捏紧、收好袋口，在袋子底部剪出一个小孔，露出裱花嘴，再用力地挤出鲜奶油，依次放入面包的刀口处即成。

菠萝包

难易度★★☆

 130分钟

上火190℃
下火190℃

配方

高筋面粉 500 克，黄油 70 克，奶粉 20
克，细砂糖 100 克，盐 5 克，鸡蛋 50 克，
水 200 毫升，酵母 8 克，酥皮适量

工具

刮板、搅拌器各 1 个，擀面杖 1 根，刷子
1 把，烤箱 1 台

制作步骤

1. 将细砂糖、水倒入容器中，搅拌至细
   砂糖溶化，待用。

2. 把高筋面粉、酵母、奶粉倒在案台上，
   用刮板开窝。

3. 倒入备好的糖水，混合均匀，并按压
   成形，加入鸡蛋，混合均匀，揉搓成
   面团。

4. 将面团稍微拉平，倒入黄油，揉搓均
   匀，加入适量盐，揉搓成光滑的面团，
   用保鲜膜包好，静置 10 分钟。

5. 将面团分成数个 60 克一个的小面团，
   揉搓成圆形，再放入烤盘中，让其发
   酵 90 分钟。

6. 用擀面杖将酥皮擀薄，放在发酵好的
   面团上，刷上适量蛋液，用竹签划上
   "十"字花形，制成菠萝包生坯。

7. 将烤箱调为上、下火 190℃，预热后
   放入烤盘，烤 15 分钟至熟即可。

杂蔬火腿芝士卷

难易度★★★　　🕐 170分钟　　上火190℃　下火190℃

配方

高筋面粉500克,黄油70克,奶粉20克,细砂糖100克,盐5克,鸡蛋1个,水200毫升,酵母8克,菜心粒20克,洋葱粒30克,玉米粒20克,火腿粒50克,芝士粒35克,沙拉酱适量

工具

搅拌器1个,玻璃碗1个,刮板1个,保鲜膜1张,擀面杖1根,面包纸杯3个,刀1把,刷子1把,烤箱1台,隔热手套1双

制作步骤

1 将细砂糖、水倒入玻璃碗中，用搅拌器搅拌至细砂糖溶化。

2 把高筋面粉、酵母、奶粉倒在案台上，用刮板开窝。

3 倒入备好的糖水，将材料混合均匀，并按压成形。

4 加入鸡蛋，将材料混合均匀，揉搓成面团。

5 将面团稍微拉平，倒入黄油，揉搓均匀。

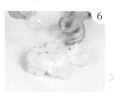

6 加入适量盐，揉搓成光滑的面团。

7 用保鲜膜将面团包好，静置10分钟。

8 取适量面团，用擀面杖擀平成面饼，均匀铺入洋葱粒，放入菜心粒，撒上火腿粒，加入芝士粒。

9 将放好食材的面饼卷成橄榄形状的生坯，用刀将生坯切成三等份。

10 备好面包纸杯，放入生坯，撒上玉米粒。

11 常温发酵2小时至微微膨胀，放入烤盘，表面刷上适量沙拉酱。

12 放入预热好的烤箱，以上、下火均为190℃烤10分钟至熟。

实验心得

适当增加酵母的用量，可使面包口感更加蓬松。

PART 4

挑动味蕾的细腻蛋糕

谁能抵挡得住那散发着极致诱惑的可口蛋糕?

轻咬一口软绵滑嫩的蛋糕,

品尝着蛋糕的细腻,

细嗅着蛋糕的香气,

原来这就是被幸福围绕的感觉!

本章精选多种好看又好吃的蛋糕,

为你详细介绍蛋糕的做法,

还附有反复实验制作蛋糕的心得,

让你一举拿下这细腻的蛋糕!

轻芝士蛋糕

难易度★☆☆　　60分钟　　上火180℃ 下火160℃

配方

芝士 200 克，牛奶 200 毫升，黄油 60 克，玉米淀粉 20 克，低筋面粉 25 克，蛋黄 75 克，蛋清 75 克，细砂糖 110 克，塔塔粉 3 克

工具

奶锅 1 个，长柄刮板 1 把，搅拌器 1 个，椭圆形模具 1 个，电动搅拌器 1 台，玻璃碗 1 个，烤箱 1 台

制作步骤

1　奶锅置火上，倒入牛奶和黄油，拌匀。

2　放入芝士，转小火，用搅拌器拌匀，略煮至材料完全融合，关火放凉。

3　倒入玉米淀粉、低筋面粉和蛋黄，搅匀，制成蛋黄油。

4　取一玻璃碗，倒入蛋清、细砂糖，撒上塔塔粉。

5　用电动搅拌器快速搅拌至蛋白部分九分发。

6　倒入蛋黄油，用长柄刮板搅匀，将搅拌好的材料装入椭圆形模具，装至八九分满，即成蛋糕生坯。

7　将模具放入烤盘，再推入预热好的烤箱。

8　烤温调至上火 180℃、下火 160℃，烤约 40 分钟至熟，取出烤好的蛋糕，将其放凉后脱模，摆放在盘中即成。

实验心得

电动搅拌器选择中档，这样打发蛋白的效果会更好。

重芝士蛋糕

难易度★★☆　　⏱ 35分钟　　🔲 上火160℃ 下火160℃

配方 ————————————

黄油20克,手指饼干40克,芝士210克,
细砂糖20克,植物鲜奶油60克,蛋黄
1个,全蛋1个,牛奶30毫升,焦糖
适量

工具 ————————————

圆形模具、裱花袋各1个,电动搅拌器、
烤箱各1台,勺子、剪刀各1把,筷子1
根,玻璃碗2个,隔热手套1双

制作步骤

把手指饼干倒入玻璃碗中，捣碎。

加入黄油，搅拌均匀，把黄油饼干糊装入圆形模具中，用勺子压实、压平。

把细砂糖倒入玻璃碗中，加入全蛋、蛋黄，用电动搅拌机快速搅匀。

加入植物鲜奶油，搅匀。

倒入芝士、牛奶，快速搅拌成蛋糕浆，倒入圆形模具内的黄油饼干糊上。

将适量焦糖装入裱花袋中，用剪刀在底部剪开一小口。

把焦糖挤在蛋糕浆面上。

再用筷子划出花纹。

将烤箱上、下火均调为160℃，预热5分钟。

打开烤箱门，放入蛋糕生坯。

关上烤箱门，烘烤15分钟至熟。

戴上隔热手套，打开烤箱门，取出烤好的蛋糕，脱模后装盘即可。

 实验心得

黄油通常放置在冰箱中，质地比较硬，应提前半小时将其取出待变得较软后使用。

红豆芝士蛋糕

难易度★★☆ 25分钟 上火180℃ 下火180℃

配方

芝士250克，鸡蛋3个，细砂糖20克，酸奶75克，黄油25克，红豆粒80克，低筋面粉20克，糖粉适量

工具

筛网、搅拌器、玻璃碗、锅各1个，长柄刮板、蛋糕刀各1把，电动搅拌器、烤箱各1台，烘焙纸2张

制作步骤

将芝士放入玻璃碗，再放入锅中隔水加热至溶化。

取出芝士，用电动搅拌器搅拌均匀。

加入细砂糖、黄油、鸡蛋，用搅拌器搅拌匀。

倒入低筋面粉，搅拌均匀。

放入酸奶、红豆粒，搅拌匀。

将拌好的材料倒入垫有烘焙纸的烤盘中，用长柄刮板抹平。

将烤箱预热，调成上、下火180℃，放入烤盘，烤15分钟至熟。

取出烤好的蛋糕。

将烤盘倒扣在烘焙纸上，取走烤盘，撕去蛋糕底部的烘焙纸。

把烘焙纸另一端盖上蛋糕，将其翻面，将蛋糕边缘修整齐。

将蛋糕切成长4厘米、宽2厘米的块。

将蛋糕装入盘中，筛上适量糖粉，即可食用。

 实验心得

鸡蛋不能一次都倒进去，否则不易搅拌匀。

酸奶芝士蛋糕

难易度 ★ ☆ ☆ 25分钟 上火160℃ 下火160℃

配方

饼干80克，黄油55克，芝士120克，酸奶120克，蛋黄2个，中筋面粉20克，玉米淀粉10克，蛋白2个，白糖40克

工具

搅拌器、锅、圆形模具各1个，玻璃碗2个，擀面杖1根，勺子1把，电动搅拌器、烤箱各1台

制作步骤

1. 把饼干装入玻璃碗中，用擀面杖捣碎。

2. 加入45克黄油，搅拌均匀。

3. 把黄油饼干糊装入圆形模具中，用勺子压实、压平。

4. 酸奶倒入锅中，加入10克黄油，用搅拌器搅拌均匀。

5. 锅中加入芝士，充分拌匀，倒入玉米淀粉、中筋面粉，搅拌均匀。

6. 加入蛋黄，搅拌均匀，芝士糊制成。

7. 蛋白倒入玻璃碗中，加入白糖，用电

　动搅拌器快速搅拌，打发至呈鸡尾状。

8. 芝士糊加入蛋白中，拌匀，制成蛋糕浆，装入圆形模具中。

9. 预热烤箱，温度调至上、下火160℃。

10. 将模具放入预热好的烤箱中，烤15分钟至熟。

舒芙蕾

 难易度 ★ ☆ ☆　　🕐 40 分钟

上火180℃
下火180℃

配方

细砂糖 50 克，蛋黄 45 克，淡奶油 40 克，芝士 250 克，玉米淀粉 25 克，蛋清 110 克，塔塔粉 2 克，细砂糖 50 克，糖粉适量

工具

奶锅 1 个，搅拌器 1 个，电动搅拌器 1 台，筛网 1 个，勺子 1 个，刮板 1 把，模具杯 2 个，玻璃碗 2 个，烤箱 1 台

制作步骤

1　将细砂糖、淡奶油倒进奶锅中，开小火煮溶化，加入芝士，拌溶化后关火。

2　将蛋黄、玉米淀粉倒入玻璃碗中拌匀，倒入煮好的材料，充分搅拌，待用。

3　另取一个玻璃碗，倒入蛋清、塔塔粉、细砂糖，用电动搅拌器拌匀，打发至鸡尾状。

4　用刮板将打发好的材料刮入前一个玻璃碗中，搅拌均匀。

5　用勺子把搅拌好的材料装入备好的模具杯中，装至八分满。

6　将模具杯放入烤盘，在烤盘中加入少许清水。

7　将烤盘放入烤箱，上、下火调至180℃，烤约 30 分钟至熟。

8　取出烤好的舒芙蕾，放入盘中。

舒芙雷芝士蛋糕

配方

蛋糕糊部分：
芝士 200 克，黄油 45 克，蛋黄 60 克，白糖 20 克，玉米淀粉 10 克，牛奶 150 毫升

蛋白部分：
蛋白 95 克，白糖 55 克

工具

搅拌器、锅、玻璃碗各 1 个，长柄刮板 1 把，电动搅拌器、烤箱各 1 台，圆形模具 1 个

制作步骤

牛奶放入锅中，加入黄油，用搅拌器拌匀，煮至溶化。

加入白糖，搅拌至溶化。

加入芝士，将其搅匀，煮至溶化。

玉米淀粉加入锅中，搅拌。

放入蛋黄，拌匀，制成蛋糕糊。

玻璃碗中倒入蛋白，加入白糖。

用电动搅拌器快速搅拌均匀，打发至呈鸡尾状。

蛋糕糊加入蛋白中，用长柄刮板拌匀，制成蛋糕浆。

将蛋糕浆倒入圆形模具当中。

预热烤箱，温度调至上、下火160℃。

将模具放入预热好的烤箱中，烤15分钟至熟。

取出模具，蛋糕脱模即可。

 实验心得

煮蛋糕糊时须不停搅拌，以免煳锅。

玛德琳蛋糕

难易度 ★☆☆　　🕑 80分钟　　上火190℃ 下火190℃

配方

低筋面粉 100 克, 黄油 100 克, 糖 75 克,
牛奶 25 毫升, 全蛋 2 个, 泡打粉 3 克

工具

搅拌器、小勺子、玛德琳模具各 1 个, 橡
皮刮刀 1 把, 烤箱 1 台, 电动搅拌器 1 台,
保鲜膜适量

制作步骤

1 黄油用小锅加热熔化, 继续小火煮
  到焦色, 带有似坚果的香味, 过滤
  后冷却待用。

2 全蛋加入砂糖, 用电动搅拌器打至糖
  溶化, 颜色变浅, 状态变浓稠, 形
  成蛋糊。

3 低筋面粉和泡打粉混合过筛加入
  蛋糊中, 用搅拌器搅拌均匀至无
  干粉。

4 加入牛奶搅拌均匀。

5 分次加入黄油搅拌均匀。

6 盖保鲜膜静置或者冷藏至少一个
  小时。

7 面糊倒入模具约八分满。

8 烤箱预热 190℃, 放入中层约烤 8 分
  钟, 直到边缘略带金色, 出炉稍凉
  1~2 分钟, 即可脱模冷却。

实验心得

玛德琳蛋糕烘烤成功的标志是出现"小肚脐"。

海绵蛋糕

难易度 ★ ☆ ☆　　🕐 35分钟　　🔲 上火170℃
　　　　　　　　　　　　　　　　 下火190℃

配方

鸡蛋 4 个，低筋面粉 125 克，细砂糖 112 克，清水 50 毫升，色拉油 37 毫升，蛋糕油 10 克，蛋黄 2 个

工具

电动搅拌器 1 台，刮板 1 个，裱花袋 1 个，玻璃碗 2 个，筷子 1 根，烘焙纸 2 张，蛋糕刀 1 把，剪刀 1 把，烤箱 1 台，隔热手套 1 双

制作步骤

1　将鸡蛋倒入玻璃碗中，放入细砂糖，用电动搅拌器打发至起泡。

2　倒入适量清水，放入低筋面粉、蛋糕油，搅拌均匀，倒入剩余的清水，加入色拉油，搅拌均匀，制成面糊。

3　将面糊倒入铺有烘焙纸的烤盘，用刮板将面糊抹匀。

4　另取一碗，倒入蛋黄，用筷子将蛋黄拌匀，再倒入裱花袋中，用剪刀将裱花袋尖端剪开。

5　在面糊上快速地淋上蛋黄液，再用筷子在面糊表层呈反方向划动。

6　将烤盘放入烤箱，烤温调成上火 170℃、下火 190℃，烤 20 分钟至熟。

7　取出烤好的蛋糕，倒扣在铺有烘焙纸的案台上，拿走烤盘，撕掉沾在蛋糕上的烘焙纸。

8　把蛋糕切成方块状，沿着蛋糕块的对角线切开，装盘即可。

实验心得

用手在蛋糕上轻轻一按，若松手后蛋糕可复原，表示已烤熟。

香橙海绵蛋糕

难易度 ★★☆   🕐 45分钟   上火180℃ 下火160℃

配方

香橙1个，打发的鲜奶油适量，清水20毫升，细砂糖100克

蛋黄部分：

蛋黄3个，色拉油30毫升，低筋面粉60克，玉米淀粉50克，泡打粉2克，细砂糖30克，清水30毫升

蛋白部分：

蛋清3个，塔塔粉2克，细砂糖95克

工具

搅拌器1个，电动搅拌器1台，长柄刮板1把，三角铁板1个，锅1个，玻璃碗3个，烘焙纸2张，木棍1根，蛋糕刀1把，烤箱1台

制作步骤

洗净的香橙切成薄片。

将锅烧热，倒入100克细砂糖、20毫升清水，拌匀，煮至细砂糖溶化。

放入香橙片，用小火煮10分钟，装入碗中，备用。

将清水、细砂糖倒入玻璃碗中，用搅拌器拌匀，倒入色拉油，搅拌均匀。

放入低筋面粉、玉米淀粉、泡打粉、蛋黄，搅拌均匀。

将蛋清、细砂糖倒入另一个玻璃碗中，快速拌匀，倒入塔塔粉，拌匀至其呈鸡尾状。

一半的蛋白部分倒入蛋黄部分中，用长柄刮板搅拌均匀，倒入剩余的蛋白部分中，搅拌均匀。

把煮好的香橙片铺在装有烘焙纸的烤盘上，倒入拌好的材料，抹匀。

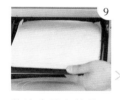

将烤盘放入烤箱，以上火180℃、下火160℃烤20分钟至熟，取出。

将烤盘倒扣在烘焙纸上，拿走烤盘，撕掉沾在蛋糕上的烘焙纸。

将蛋糕翻面，用三角铁板抹上适量打发的鲜奶油，用木棍将烘焙纸卷起。

把蛋糕卷成圆筒状，静置一会儿，打开烘焙纸，将蛋糕两端切平整，切成两等份即可。

 实验心得

香橙可以多煮一会儿，以使其更入味。

枕头戚风蛋糕

难易度★☆☆　　⏱ 40 分钟　　🔲 上火180℃ 下火160℃

配方

低筋面粉 70 克，玉米淀粉 55 克，泡打粉 5 克，蛋黄 4 个，蛋清 4 个，清水 70 毫升，色拉油 55 毫升，细砂糖 125 克

工具

搅拌器 1 个，长柄刮板、刀各 1 把，玻璃碗 2 个，电动搅拌器、烤箱各 1 台

制作步骤

1　将蛋黄倒入玻璃碗，筛入低筋面粉、玉米淀粉、2 克泡打粉，用搅拌器拌匀。

2　再倒入清水、色拉油，搅拌均匀，至无细粒，加入 28 克细砂糖，搅拌均匀，至无颗粒即可。

3　蛋清用电动搅拌器打至起泡，倒入 97 克细砂糖，搅拌均匀。

4　将 3 克泡打粉倒入碗中，拌匀至鸡尾状，用长柄刮板将适量蛋清糊倒入装有蛋黄的玻璃碗中，搅拌均匀。

5　再将拌好的蛋黄糊倒入剩余的蛋清糊中，搅拌均匀，制成面糊，用长柄刮板将面糊倒入模具中。

6　将模具放入烤盘，再放入预热好的烤箱中层。

7　以上火 180℃、下火 160℃烤 25 分钟至金黄色。

8　取出烤好的蛋糕，借助小刀，将蛋糕脱模即可。

可可戚风蛋糕

难易度★★☆　　🕐 35分钟

上火180℃
下火160℃

配方

打发的鲜奶油 40 克

蛋黄部分:
蛋黄3个,色拉油30毫升,低筋面粉60克,玉米淀粉50克,泡打粉2克,细砂糖30克,清水30毫升,可可粉15克

蛋白部分:
细砂糖95克,蛋白3个,塔塔粉2克

工具

搅拌器1个,木棍1根,长柄刮板、蛋糕刀各1把,烘焙纸2张,电动搅拌器、烤箱各1台,玻璃碗2个

制作步骤

1 将清水、细砂糖、低筋面粉、玉米淀粉倒入玻璃碗,用搅拌器拌匀。

2 加色拉油、泡打粉、可可粉搅匀。

3 加蛋黄搅拌成糊状即成蛋黄部分。

4 将蛋白装入另一个玻璃碗,用电动搅拌器打发,放入细砂糖,搅拌匀。

5 加入塔塔粉,快速打发至鸡尾状。

6 用长柄刮板将一半的蛋白倒入蛋黄中拌匀,倒入剩余的蛋白拌匀。

7 再倒入铺有烘焙纸的烤盘中抹匀。

8 放入烤箱,以上火180℃、下火160℃烤20分钟。

9 取出蛋糕,翻转过来倒在烘焙纸上。

10 去除烘焙纸,再均匀地抹上打发的鲜奶油。

11 用木棍将烘焙纸卷起,卷成圆筒状。

12 切除边角,再将蛋糕切四等份。

柠檬玛芬

配方

鸡蛋 2 个,泡打粉 2 克,低筋面粉 120 克,柠檬皮碎少许,黄油 120 克,打发的鲜奶油适量,糖粉 100 克

工具

玻璃碗、筛网各 1 个,裱花袋 2 个,电动搅拌器、烤箱各 1 台,锡纸杯 9 个,长柄刮板 1 把

制作步骤

1　将黄油倒入玻璃碗中,搅拌均匀,倒入糖粉,用电动搅拌器拌匀。

2　先加入一个鸡蛋,搅拌均匀,再加入另一个鸡蛋,继续搅拌。

3　将低筋面粉、泡打粉过筛至碗中,搅拌均匀。

4　放入柠檬皮碎,搅拌成糊状。

5　将面糊装入裱花袋,挤入锡纸杯中,至八分满,放入烤盘。

6　放入烤箱,以上火 170℃、下火 160℃烤 20 分钟至熟。

7　在裱花袋的尖端部位剪开一个小口,套上花嘴,装入打发好的鲜奶油。

8　将烤好的柠檬玛芬装入盘中,将适量的鲜奶油均匀地挤在柠檬玛芬上即可。

 实验心得

挤入锡纸杯的面糊不能太满,以免烤的时候溢出来,影响成品的美观。

咖啡提子玛芬蛋糕

难易度 ★ ☆ ☆　　🕐 20分钟　　上火200℃ 下火200℃

配方 ────────────

低筋面粉 150 克，酵母 3 克，咖啡粉
150 克，香草粉 10 克，牛奶 150 毫升，
细砂糖 100 克，鸡蛋 2 个，色拉油 10 毫升，
提子干适量

工具 ────────────

玻璃碗 1 个，长柄刮板 1 把，电动搅拌器、
烤箱各 1 台，蛋糕模具 1 个，蛋糕纸杯
6 个

制作步骤

加入酵母、香草粉，
搅拌均匀。

加入咖啡粉，稍稍
搅拌均匀。

倒入低筋面粉，充
分搅匀。

倒入色拉油，一边
倒一边搅匀。

缓缓倒入牛奶，不
停搅拌。

倒入提子干。

搅拌均匀，制成蛋
糕浆。

备好蛋糕模具，放
入蛋糕纸杯。

用长柄刮板将拌好
的蛋糕浆逐一刮入
纸杯中至七八分满。

将蛋糕模具放入烤
箱中，以上、下火
200℃烤20分钟
至熟。

将烤好的咖啡提子
玛芬蛋糕取出。

将蛋糕脱模，装入
盘中即可。

 实验心得

咖啡味苦，可依个人喜好，适当增减咖啡粉的用量。

奶油玛芬蛋糕

难易度 ★ ☆ ☆　　🕐 25分钟　　上火190℃ 下火180℃

配方

低筋面粉 100 克，黄油 65 克，鸡蛋 60 克,细砂糖 80 克,动物性淡奶油 40 毫升，炼乳 10 克，泡打粉 1/2 小勺，盐适量

工具

长柄刮板 1 把，面粉筛、裱花袋、玻璃碗各 1 个，电动搅拌器、烤箱各 1 台，纸杯 9 个

制作步骤

1　烤箱通电后，将黄油放入烤盘中，加热至溶化，并同步进行烤箱的预热。

2　把动物性淡奶油、盐、细砂糖和炼乳倒入玻璃碗中，用电动搅拌器搅打均匀。

3　再打入鸡蛋，用电动搅拌器打发，接着把溶化的黄油倒入碗中搅拌均匀。

4　将泡打粉倒入低筋面粉中充分拌匀。

5　将混合好的面粉倒入打发好的黄油中，用长柄刮板翻拌，直到材料完全混合均匀。

6　把面糊装入裱花袋中，再把面糊挤到置于烤盘上的纸杯中约八分满。

7　将纸杯放入预热好的烤箱中，烘烤15~18 分钟，直到蛋糕完全膨胀，表面呈现金黄色。

8　烤好后把成品取出摆放在盘中即可食用。

实验心得

动物性淡奶油是从牛奶中提炼出来的产物，植物性淡奶油是人造奶油，营养价值不如动物性淡奶油高。

柠檬重油蛋糕

难易度★☆☆   30分钟   上火170℃ 下火180℃

配方

柠檬皮40克，泡打粉5克，细砂糖100克，鸡蛋100克，低筋面粉100克，黄油100克

工具

长柄刮板、刀各1把，搅拌器、玻璃碗各1个，纸杯适量，烤箱1台

制作步骤

1 用刀把柠檬皮切成丁。

2 将泡打粉、细砂糖、鸡蛋、低筋面粉、软化的黄油倒入玻璃碗中，用搅拌器搅拌成面糊。

3 将柠檬皮倒入面糊中，搅拌均匀。再用长柄刮板将搅拌均匀的面糊倒入纸杯中。

4 把纸杯放在烤盘上，移入烤箱中烘烤约20分钟。

5 将烤好的蛋糕拿出摆盘即可。

布朗尼斯蛋糕

难易度★★☆　　🕐 25分钟

上火180℃
下火160℃

配方

低筋面粉100克,鸡蛋2个,泡打粉1克,食粉1克,可可粉100克,黑巧克力液适量,黄油125克,细砂糖150克

工具

玻璃碗1个,长柄刮刀、蛋糕刀各1把,电动搅拌器、烤箱各1台,烘焙纸2张

制作步骤

1. 将黄油倒入玻璃碗中,加入细砂糖,用电动搅拌器快速搅匀,加入鸡蛋,快速拌匀。

2. 倒入低筋面粉、可可粉、食粉、泡打粉,搅拌均匀,加入部分黑巧克力液,用长柄刮板搅拌,至其成糊状。

3. 把巧克力糊放入铺有烘焙纸的烤盘里,用长柄刮板抹平,即成蛋糕生坯。

4. 把生坯放入预热好的烤箱里,关上箱门,以上火180℃、下火160℃烤15分钟,打开箱门,把烤好的蛋糕取出。

5. 将蛋糕倒扣在案台上的烘焙纸上,撕掉蛋糕底部的烘焙纸。

6. 用蛋糕刀把蛋糕切成长方块,把蛋糕边缘切齐整,再把蛋糕切成小方块。

7. 将剩余的黑巧克力液倒在蛋糕上,用长柄刮板抹匀。

8. 把做好的蛋糕装入盘中即可。

黑森林蛋糕

难易度★☆☆　　⏱ 35分钟　　🔲 上火180℃ 下火160℃

配方

蛋黄 75 克，色拉油 80 毫升，低筋面粉 50 克，牛奶 80 毫升，可可粉 15 克，细砂糖 60 克，蛋白 180 克，塔塔粉 3 克，草莓适量

工具

电动搅拌器、烤箱各 1 台，搅拌器、方形模具各 1 个，玻璃碗 2 个

制作步骤

1 将烤箱通电，上火调至 180℃，下火调至 160℃，进行预热。

2 准备好一个玻璃碗，在碗中倒入牛奶和色拉油搅拌均匀。

3 倒入低筋面粉和可可粉用搅拌器继续搅拌，再倒入蛋黄继续搅拌。

4 另置一个玻璃碗，倒入蛋白，用电动搅拌器稍微打发，倒入细砂糖、塔塔粉，继续打发至竖尖状态为佳。

5 将打好的蛋白倒入面糊中，充分翻拌均匀。

6 把搅拌好的混合面糊倒入方形模具中，轻轻震荡，排出里面的气泡。

7 打开烤箱门，将烤盘放入烤箱中层，保持预热时候的温度，烘烤约 25 分钟。

8 烤好后，将其取出切好摆放在盘中，用草莓装饰即可。

实验心得

在烘焙前先用少许黄油将模具内壁和底部抹匀，这样可以很好地避免蛋糕难以脱模的现象，还能完好地保持蛋糕的美观。

虎皮蛋糕

难易度★☆☆   🕐 15分钟   上火280℃ 下火150℃

配方 ————

蛋黄 260 克，细砂糖 120 克，玉米淀粉 80 克，打发的鲜奶油 20 克

工具 ————

三角铁板 1 个，玻璃碗 1 个，蛋糕刀 1 把，木棍 1 根，烘焙纸 2 张，电动搅拌器、烤箱各 1 台

制作步骤

将蛋黄、细砂糖倒入玻璃碗中。

用电动搅拌器搅拌均匀。

倒入玉米淀粉。

用电动搅拌器先手动拌一下,再快速打发至浓稠状,制成面糊。

取一个装有烘焙纸的烤盘,倒入面糊,铺平。

将烤箱温度调成上火280℃、下火150℃。

将烤盘放入预热好的烤箱,烤3分钟至金黄色。

从烤箱中取出烤盘,放置片刻至凉。

在案台上铺上一张烘焙纸,将蛋糕翻转过来,撕去底部烘焙纸。

用三角铁板在蛋糕表面均匀地抹上打发的鲜奶油。

用木棍将烘焙纸卷起,把蛋糕卷成圆筒状,静置5分钟至成形。

用蛋糕刀把蛋糕两边不整齐的部分切去,再切成块状,装入盘中即可。

实验心得

表面烤制成虎皮花纹时就要降低温度了。

瑞士水果卷

难易度★★☆ 　　35分钟 　　上火170℃ 下火160℃

配方

蛋黄 4 个，橙汁 50 毫升，色拉油 40 毫升，低筋面粉 70 克，玉米淀粉 15 克，蛋白 4 个，细砂糖 40 克，动物性淡奶油 120 毫升，草莓果肉、芒果果肉各适量

工具

搅拌器、裱花袋各 1 个，玻璃碗 2 个，长柄刮板 1 把，烘焙纸 1 张，电动搅拌器、烤箱各 1 台

制作步骤

1 烤箱通电，以上火 170 ℃、下火 160℃进行预热。

2 在玻璃碗中倒入蛋黄和橙汁拌匀，加入色拉油搅拌均匀，加入低筋面粉和玉米淀粉，用搅拌器充分搅拌均匀。

3 将蛋白和细砂糖倒入另一玻璃碗中，用电动搅拌器打至硬性发泡，制成蛋白霜。

4 把做好的蛋白霜倒一半到搅拌好的蛋黄面粉糊中，翻拌均匀后再倒入剩下的蛋白霜翻拌均匀。

5 将做好的蛋糕糊倒入垫有烘焙纸的烤盘内，用长柄刮板将蛋糕糊刮平整。

6 将蛋糕放入预热好的烤箱中，烘烤约 20 分钟，取出放凉。

7 把动物性淡奶油打至硬性发泡，待蛋糕放凉后，挤在蛋糕中间位置，再在蛋糕上铺上水果块。

8 用烘焙纸将蛋糕卷起定型，定型完撕去烘焙纸，在水果卷表面以奶油、水果装饰。

实验心得

搅拌好的蛋黄面粉糊的状态是非常细腻且有光泽的，没有颗粒状物，在提起长柄刮板时，可以有蛋黄面粉糊从刮板上滴落。

萌爪爪奶油蛋糕卷

难易度★★★   30 分钟   上火 170℃ 下火 170℃

配方

可可粉适量

蛋黄部分：

蛋黄 85 克，细砂糖 10 克，纯牛奶 60 毫升，色拉油 50 毫升，低筋面粉 100 克

蛋白部分：

蛋清 140 克，柠檬汁少许，细砂糖 50 克

馅料部分：

香橙果酱适量

工具

搅拌器 1 个，长柄刮板 1 把，三角铁板 1 个，裱花袋 1 个，玻璃碗 3 个，剪刀 1 把，蛋糕刀 1 把，木棍 1 根，烘焙纸 2 张，电动搅拌器、烤箱各 1 台

制作步骤

1. 纯牛奶加入细砂糖搅匀，加入色拉油搅匀，倒入低筋面粉搅成糊状，加入蛋黄，搅拌成纯滑的面浆。

2. 蛋清加入细砂糖，快速搅匀，加入柠檬汁，快速打发至鸡尾状。

3. 取一碗，加入适量蛋白部分和少许面浆，搅匀，加入适量可可粉，搅拌均匀，装入裱花袋，在尖端剪一个小口，挤入铺有烘焙纸的烤盘中，制成爪状蛋糕生坯。

4. 把烤盘放入预热好的烤箱，上、下火调至 160℃，烤 3 分钟至熟，取出。

5. 剩余的面浆和蛋白部分混合搅匀，制成蛋糕浆，倒入装有爪状蛋糕的烤盘里，抹匀，放入预热好的烤箱，上、下火调至 170℃，烤 15 分钟至熟，取出，倒扣在烘焙纸上，撕去底部的烘焙纸。

6. 将蛋糕翻面，放上适量香橙果酱，用三角铁板抹匀，用木棍将烘焙纸卷起，把蛋糕卷成圆筒状，摊开烘焙纸，用蛋糕刀将蛋糕两端切齐整，装入盘中。

草莓卷

 难易度 ★★☆　　 30 分钟

上火 180℃
下火 160℃

配方

草莓 100 克，草莓粒 30 克，打发的鲜奶油适量，蛋白 3 个，塔塔粉 2 克，细砂糖 125 克，蛋黄 3 个，色拉油 30 毫升，低筋面粉 60 克，玉米淀粉 50 克，泡打粉 2 克，清水 30 毫升

工具

搅拌器 1 个，木棍 1 根，烘焙纸、白纸各 1 张，长柄刮板、抹刀、蛋糕刀各 1 把，玻璃碗 2 个，电动搅拌器 1 台

制作步骤

1　将清水、细砂糖倒入容器中拌匀，倒入色拉油，拌匀，放入低筋面粉、玉米淀粉、泡打粉、蛋黄，搅拌均匀。

2　将蛋白、95 克细砂糖倒入另一个容器中拌匀，倒入塔塔粉拌匀至鸡尾状。

3　将一半的蛋白部分倒入蛋黄部分中，用长柄刮板搅拌均匀，倒入剩余的蛋白部分中，拌匀。

4　在烤盘上铺好白纸，倒入拌好的材料，抹匀，在上面撒上草莓粒。

5　将烤盘放入烤箱，温度调成上火 180℃、下火 160℃，烤 20 分钟至熟，取出，倒扣在白纸上，撕掉沾在蛋糕上的白纸，抹上适量的鲜奶油。

6　在距离蛋糕边 2 厘米处摆上洗净的草莓。用木棍将白纸卷起，把蛋糕卷成圆筒状，静置一会儿。

7　打开白纸，将蛋糕两端切平整，再切成四等份，装入盘中即可。

狮皮香芋蛋糕

难易度★★★　　🕐 50分钟　　📟 上、下火170℃（先）
上、下火140℃（后）

配方

香芋色香油 2 克，香橙果酱适量

蛋黄部分：
蛋黄 50 克，细砂糖 6 克，色拉油 36 毫升，纯牛奶 36 毫升，低筋面粉 46 克，泡打粉 1 克

蛋白部分：
蛋清 100 克，细砂糖 56 克，塔塔粉 2 克

狮皮部分：
蛋黄 80 克，鸡蛋 1 个，细砂糖 20 克，低筋面粉 20 克

工具

搅拌器 1 个，长柄刮板 1 把，三角铁板 1 个，玻璃碗 3 个，木棍 1 根，烘焙纸 4 张，蛋糕刀 1 把，电动搅拌器、烤箱各 1 台，隔热手套 1 双

制作步骤

将细砂糖倒入玻璃碗中，加入纯牛奶、色拉油、低筋面粉、泡打粉、蛋黄，充分搅匀。

另取一碗，倒入细砂糖、蛋清，用电动搅拌器快速搅匀，加入塔塔粉，快速打发至鸡尾状。

将部分打发好的蛋白倒入蛋黄部分中，用长柄刮板搅匀。

加入香芋色香油，搅匀，再加入余下的蛋白部分，拌匀，制成蛋糕浆。

将蛋糕浆倒入铺有烘焙纸的烤盘中，抹匀，放入预热好的烤箱。

将上、下火调至170℃，烤15分钟至熟，取出，倒扣在烘焙纸上，撕去沾在蛋糕上的烘焙纸。

将蛋糕翻面，放上适量香橙果酱，用三角铁板抹匀，用木棍卷成卷。

再取一碗，倒入蛋黄、细砂糖、鸡蛋，用电动搅拌器搅匀。

加入低筋面粉，搅拌成面浆，倒入铺有烘焙纸的烤盘里，抹匀，放入预热好的烤箱。

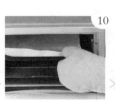

上、下火均调至140℃，烤10分钟后取出，将烤好的狮皮倒扣在烘焙纸上即可。

撕去沾在狮皮底部的烘焙纸，放上适量香橙果酱，涂抹均匀。

把蛋糕卷放在狮皮中间，包裹好，卷成卷，分切成段即可。

 实验心得

撕去蛋糕底部的烘焙纸时，动作要轻，以免将蛋糕撕裂。

PART 5

不容错过的甜蜜零食

烘焙，是一个容易让人上瘾的词。

最初接触烘焙的时候，

虽满怀期待，但因手法生疏，失败的次数也不少。

然而，当我们的糕点越做越多，

手法和步骤也越来越熟练时，

这些简单的烘焙已经远远不能满足我们的需求。

从前积攒起来的烘焙经验，

也是时候要有所提升了。

这些花样繁多的甜品，

就是烘焙进阶的最佳选择……

香草泡芙

难易度：★ ★ ★ | 🕐 50分钟 | 上、下火200℃（先）上、下火180℃（后）

配方

泡芙：

水 71 毫升，无盐黄油 69 克，牛奶 68 毫升，糖 3 克，盐 2 克，低筋面粉 70 克，鸡蛋 121 克

香草奶油馅：

牛奶 268 毫升，蛋黄 38 克，白糖 37 克，玉米淀粉 22 克，香草荚 1 根，淡奶油 200 克

工具

烤箱、电动搅拌器各 1 台,橡皮刮刀 1 把,裱花袋、圆形裱花嘴、筛网、搅拌器各 1 个，油纸 1 张

制作步骤

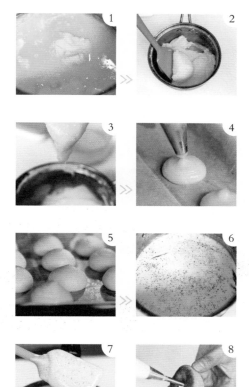

1 黄油切小块，隔水加热熔化；将牛奶、盐、糖、水放到锅里加热至沸腾后离火。

2 加入熔化好的黄油、过筛的低筋面粉，搅拌均匀，开小火加热，边加热边用橡皮刮刀翻拌，直到锅底出现一层薄膜时离火。

3 等待降温至 50℃左右，分次加入鸡蛋液，完全吸收之后再加下一次。当提起刮刀，面糊呈倒三角形状时即可（此时有剩余的蛋液也不要再加入）。

4 烤箱预热 200℃，烤盘垫上油纸，面糊装入裱花袋，用圆形花嘴在烤盘上挤出圆形，中间要留有空隙。

5 放入烤箱中层烤大约 10 分钟，待完全膨胀后调至 180℃，烘烤 15 分钟。

6 煮牛奶，刮出香草籽，和香草荚一起放入牛奶中，煮出味道后拿出香草荚，煮沸后多煮 1 分钟。

7 蛋黄加糖，用搅拌器搅拌，加入玉米淀粉搅拌均匀；取牛奶的 1/3 加入蛋黄，用搅拌器不停搅拌，再倒回锅里，拌匀后小火加热，不停搅拌至浓稠状离火；淡奶油打发和牛奶蛋黄糊混合搅拌均匀。

8 泡芙底部扎小洞，挤入泡芙馅即可。

实验心得

烤的时候不要开烤箱门，否则冷空气进入，泡芙会立即塌陷。

日式泡芙

难易度 ★★☆　　🕐 35分钟　　上火190℃ 下火200℃

配方 ————————————

奶油60克，高筋面粉60克，鸡蛋2个，牛奶60毫升，清水60毫升，植物鲜奶油300克，糖粉适量

工具 ————————————

刮板、三角铁板、锅、玻璃碗、筛网各1个，锡纸1张，小刀1把，电动搅拌器、烤箱各1台，裱花袋2个

制作步骤

将锅置火上加热，加入清水、牛奶、奶油搅拌至混合均匀，煮至奶油溶化。

关火，倒入高筋面粉，用三角铁板拌至成团。

打入一个鸡蛋，用电动搅拌器拌匀，再加入另一个鸡蛋，继续拌匀至糊状。

用刮板将泡芙浆装入裱花袋中。

将锡纸放在烤盘上，将装入裱花袋的泡芙浆挤到锡纸上，呈宝塔状。

将泡芙浆放入预热好的烤箱中，以上火190℃、下火200℃烤20分钟至金黄色。

取出烤好的泡芙。

用电动搅拌器慢速搅拌五分钟，将植物鲜奶油打发。

将打发的鲜奶油装入裱花袋中。

用小刀将泡芙横切一道口子。

将打发的鲜奶油挤到泡芙中，摆盘。

将适量糖粉撒在泡芙上装饰即可。

 实验心得

鸡蛋一定要分次加入面糊中，有利于掌握面糊的稀厚度。

推推乐

难易度：★★★　🕐 70分钟　　上火150℃ 下火150℃

配方

鸡蛋5个，低筋面粉90克，细砂糖66克，玉米油46毫升，柠檬汁3毫升，动物性淡奶油250克，清水46毫升，糖粉10克，水果适量（猕猴桃、草莓、芒果）

工具

6寸戚风蛋糕模具、分片器、裱花袋各1个，锯齿刀1把，电动搅拌器1台，推推乐模具6个

制作步骤

将鸡蛋蛋白和蛋黄分离后，将蛋白放到冰箱冷藏；将低筋面粉过筛两遍。

在蛋黄里加入26克细砂糖搅匀，慢慢加入玉米油，打匀，加入水，搅拌均匀。

加入低筋面粉拌匀，拌到至看不到干粉即停（新手可以分两三次加入）。

将蛋白打发至发泡时滴入柠檬汁，分3次加入40克细砂糖，打至干性发泡。

取1/3的干性蛋白加入蛋黄糊里拌匀，再把面糊全部倒入剩下的蛋白中拌匀。

把面糊倒入模具中，轻轻晃动几下，放入预热至150℃的烤箱中下层烤50分钟。

烤好后取出戚风蛋糕，将其倒扣脱模。

待戚风蛋糕冷却，用锯齿刀把戚风蛋糕横切成片。

将250克动物性淡奶油倒入容器中，加糖粉，用电动搅拌器打发后，装入裱花袋。

用推推乐模具在切好的蛋糕片上印出蛋糕圆片。

用刀将猕猴桃、草莓、芒果切成小块。

按照一层蛋糕片、一层奶油、一层水果的方式将食材填入模具中，盖盖儿即可。

实验心得

推推乐做好后放冰箱冷藏，加入新鲜水果的推推乐最好在当天食用完毕。

葡式蛋挞

难易度★☆☆　　25分钟　　上火220℃ 下火220℃

配方

牛奶90毫升，炼奶5克，蛋黄30克，细砂糖10克，动物性淡奶油100克，低筋面粉5克，玉米淀粉2克，蛋挞皮8个（具体做法见P20）

工具

奶锅、搅拌器、量杯、筛网各1个，烤箱1台

制作步骤

1. 奶锅置于小火上，倒入牛奶、动物性淡奶油、细砂糖、炼奶。

2. 不断搅拌，加热至细砂糖全部溶化，关火凉2分钟。

3. 将蛋黄拌匀成蛋黄液，慢慢加入牛奶中，边加入边搅拌均匀。

4. 筛入面粉和玉米淀粉搅拌均匀，用筛网将蛋挞液过滤一次，放凉备用。

5. 预热烤箱至220℃；准备好蛋挞皮，将放凉的蛋挞液倒入蛋挞皮，约八分满即可。

6. 打开烤箱，将烤盘放入烤箱中上层，烤约15分钟至熟。

7. 取出烤好的葡式蛋挞，装入盘中即可。

夹心酥

难易度 ★ ★ ☆   🕐 80 分钟

上火190℃
下火200℃

配方

水皮：
清水 100 毫升，低筋面粉 250 克，猪油 40 克，糖粉 75 克

油皮：
低筋面粉 200 克，猪油 80 克

馅料：
莲蓉适量

外皮装饰：
蛋黄液、芝麻各少许

工具

擀面杖 1 根，刮板、刷子各 1 个，烤箱 1 台

制作步骤

1. 将 250 克低筋面粉倒入碗中，加入糖粉，注入适量清水，慢慢和匀，放入 40 克猪油，搅拌一会儿，至面团纯滑，再包上一层保鲜膜，静置约 30 分钟，即成水皮面团。

2. 取一个碗，倒入低筋面粉，加入 80 克猪油，匀速搅拌一会儿，至猪油溶化、面团纯滑，用保鲜膜包好，静置约 30 分钟醒面，即成油皮面团。

3. 取来醒发好的水皮面团、油皮面团，去除保鲜膜，在台面上撒点面粉，用擀面杖将水皮面团擀薄，取油皮面团，压平，擀成水皮的二分之一大小，放在擀薄的水皮面团上，包好、对折，用擀面杖多擀几次。

4. 取莲蓉放在面皮上，卷呈圆筒状，切成剂子，压平，制成夹心酥生坯。

5. 放入烤盘，再刷上一层蛋黄液，撒上芝麻，烤约 20 分钟即成。

蝴蝶酥

难易度★★★　　🕐 70分钟　　上火200℃ 下火200℃

配方

低筋面粉 220 克，高筋面粉 30 克，黄油 40 克，片状酥油 180 克，细砂糖 7 克，盐 2 克，清水 125 毫升

工具

擀面杖 1 根，烤箱 1 台，刀、尺子各 1 把，烘焙纸 1 张

制作步骤

在低筋面粉、高筋面粉中倒入适量细砂糖、盐、清水,用刮板拌匀,并用手揉搓成光滑的面团。

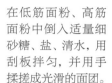

在面团上放上黄油,揉搓均匀至成光滑的面团,静置10分钟。

在操作台上铺一张烘焙纸,放入片状酥油包好,用擀面杖将片状酥油擀平,待用。

把面团擀成片状酥油2倍大的面皮。

将片状酥油放在面皮的一边,去除烘焙纸,将另一边的面皮覆盖上片状酥油,叠成长方块。

在操作台上撒少许低筋面粉,将包裹着片状酥油的面皮擀薄,对折四次。

将折好的面皮放入铺有低筋面粉的盘中,放入冰箱冷藏10分钟,上述步骤重复操作3次。

在操作台上撒少许低筋面粉,放上冷藏过的面皮,用擀面杖将面皮擀薄。

将量尺放在面皮上,用刀切出4条面皮,长宽分别为20厘米、1厘米。

把面皮两端同时向中间卷起,即成蝴蝶酥生坯。

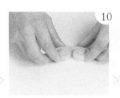

将蝴蝶酥生坯沾上适量细砂糖,再放入烤盘。

放入烤箱,以上、下火均为200℃烤20分钟至熟。

 实验心得

卷蝴蝶酥时,不能卷得太松,否则烘烤后膨胀,会影响外观。

绿茶酥

难易度★★☆　　⏱ 40分钟　　🔲 上火 180℃ / 下火 160℃

配方

红豆 200 克
水油皮：
高筋面粉 75 克，低筋面粉 75 克，细砂糖 35 克，黄油 40 克，水 60 毫升
油酥：
低筋面粉 50 克，黄油 45 克，绿茶粉 3 克

工具

刀、玻璃碗各 1 个，电子秤 1 台，擀面杖 1 根，烤箱 1 台，烘焙纸 1 张，一次性手套 1 双

制作步骤

1 备好的玻璃碗中依次放入低筋面粉、高筋面粉、水、细砂糖、黄油搅拌均匀，制成水油皮面团，面团需揉至表面光滑。

2 把 50 克低筋面粉、黄油和绿茶粉混合揉成油酥面团。

3 把水油皮面团分割成小份，用电子秤称取 25 克的小面团；油酥面团也依此分割。

4 用手掌把水油皮面团压扁，放上油酥面团，用水油皮把油酥包起来。

5 包好的面团收口朝下，在案板上撒一层薄面粉防沾，用擀面杖擀成比较薄的面片。

6 用刀对半割开，把擀好的长方形面片朝一端卷起来。

7 把面团切面朝上，再次擀开成圆形的薄片，包上红豆，收口。

8 把收口朝下放在垫有烘焙纸的烤盘里，放进预热好的烤箱烘烤 20 分钟左右，取出烤好的绿茶酥，装盘即可。

实验心得

可以使用猪油代替黄油或植物油，猪油的起酥效果最好，黄油次之，植物油最差。

风车酥

难易度 ★★★ 70分钟 上火200℃ 下火200℃

配方

低筋面粉220克，高筋面粉30克，黄油40克，细砂糖5克，盐1.5克，清水125毫升，片状酥油180克，蛋黄液、草莓酱各适量

工具

擀面杖1根，刮板1个，量尺、刀、刷子各1把，烘焙纸1张，烤箱1台

制作步骤

1. 将低筋面粉、高筋面粉混匀，加入细砂糖、盐、清水拌匀，加入黄油揉成光滑面团，静置10分钟。

2. 在案台上铺一张烘焙纸，放入片状酥油包好，用擀面杖将片状酥油擀平。

3. 把面团擀成片状酥油两倍大的面皮。

4. 将片状酥油包入面皮中，叠成长方形，擀薄，对折四次，放入铺有少许低筋面粉的盘中，放入冰箱冷藏10分钟后取出，将上述步骤重复操作三次。

5. 将冷藏过的面皮取出，用擀面杖擀薄，将其边缘切平整，再把面皮对半切开，将量尺放在面皮上，用刀把面皮切成3等份，呈正方形。

6. 在面皮四角各划一刀，取其中一边呈顺时针方向，往中间按压，呈风车形状，放入烤盘，刷上适量蛋黄液，在面皮中间放入适量草莓酱。

7. 将烤盘放入烤箱中，以上、下火200℃烤20分钟至熟，取出即可。

核桃酥

难易度 ★ ☆ ☆　　 25分钟

 上火175℃
下火180℃

配方

低筋面粉 500 克，猪油 220 克，白糖 330 克，鸡蛋 1 个，臭粉 4 克，泡打粉 5 克，食粉 2 克，清水 50 毫升，烤核桃仁少许，鸡蛋黄 2 个

工具

筛网、刮板各 1 个，刷子 1 把，烤箱 1 台，玻璃碗 2 个

制作步骤

1　将低筋面粉、食粉、泡打粉、臭粉放入玻璃碗中混合，用筛网过筛后倒案台上，用刮板开窝。

2　加入白糖、鸡蛋，拌至鸡蛋散开，加入少许清水，慢慢地刮入面粉，搅拌一会儿，至糖分溶化，加入猪油，与面粉拌匀，制成面团，搓成长条，分成数段。

3　将鸡蛋黄放入玻璃碗中，搅匀成蛋液。

4　取一段面团，分成数个剂子，揉成中间厚、四周薄的圆形酥皮，再逐一按压出一个小圆孔，放入烤盘中，均匀地刷上一层蛋液，嵌入少许烤核桃仁，制成生坯。

5　烤箱预热，再放入烤盘，关好，以上火 175℃、下火 180℃烤约 15 分钟，至生坯呈金黄色。

6　取出烤盘，稍冷却后即可食用。

草莓酱可球

难易度★★☆　　🕐 35分钟　　🔲 上火180℃ 下火180℃

配方

低筋面粉 100 克,黄油 80 克,糖粉 45 克,盐 1 克,鸡蛋 20 克,草莓果酱适量

工具

筷子 1 根,刮板、裱花袋各 1 个,剪刀 1 把,烤箱 1 台

制作步骤

 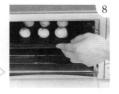

1. 案台上倒好低筋面粉,用刮板开窝,倒入糖粉,加入鸡蛋,拌匀。
2. 刮入低筋面粉,用刮板拌匀。
3. 倒入黄油,稍稍按压拌匀,加入盐,搅匀,按压均匀,制成面团。
4. 将面团等分成 15 克一个的小球,稍搓圆放入烤盘。
5. 用筷子蘸少量面粉,在面团顶部戳一个适度的小孔。
6. 将适量草莓果酱装入裱花袋中,用剪刀将裱花袋尖端剪开一小口。
7. 将草莓果酱挤入戳好的小孔里。
8. 预热烤箱,温度调成上、下火180℃,放入烤盘,烤20分钟至熟。

实验心得

戳小孔的时候注意不要戳太深,以免挤入的草莓酱过多,使其在烤制时流溢出来。

格格花心

难易度★☆☆　 25分钟　 上火170℃
下火170℃

配方 ────────────

黄油100克，鸡蛋1个，糖粉50克，
奶粉15克，低筋面粉175克，蛋黄1个

工具 ────────────

刮板1个，刷子1把，高温布1块，竹
扦1根，烤箱1台

制作步骤

将低筋面粉倒在案台上，用刮板开窝，倒入糖粉、鸡蛋，搅散。

加入黄油，刮入面粉，混合均匀。

加入奶粉，揉搓成光滑的面团。

把面团搓成长条。

用刮板切成大小均等的小剂子。

再将面团搓成圆饼形生坯。

把生坯放入铺有高温布的烤盘里。

用刷子刷上适量的蛋黄液。

用竹扦划上网格花纹。

把生坯放入预热好的烤箱。

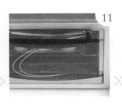

以上、下火170℃烤15分钟至熟。

15分钟后，取出烤好的饼干，装在容器里即可。

 实验心得

饼干烤好后，要待其完全放凉后再取出，这样饼干不易弄碎。

阿拉棒

难易度 ★ ☆ ☆　　🕐 35分钟　　上火170℃　下火170℃

配方

低筋面粉 130 克，鸡蛋 1 个，黄油 10 克，糖粉 30 克，蛋黄液适量

工具

刮板 1 个，刷子 1 把，擀面杖 1 根，烤箱 1 台，隔热手套 1 双

制作步骤

1 将低筋面粉倒在操作台上，用刮板开窝。

2 窝中倒入糖粉、鸡蛋，用刮板拌匀。

3 倒入黄油，搅拌匀，刮入面粉，拌匀，将混合物揉至成纯滑面团。

4 用擀面杖将面团擀平擀薄，擀成约 1 厘米厚的面饼。

5 用刀将面饼切成等份的长条，取一条，左右手反向扭转，使之形成麻花状，阿拉棒生坯即成。

6 烤盘中放入生坯，摆放好，表面均匀刷上适量的蛋黄液。

7 将烤盘放入烤箱，温度调成上、下火 170℃，烤 20 分钟至熟。

8 取出烤盘，将烤好的阿拉棒装盘即可。

实验心得

面粉可用筛网过筛之后再进行揉制，这样制作出来的阿拉棒口感会更细致。

香甜裂纹小饼

难易度 ★ ☆ ☆　　🕐 25分钟　　上火170℃ 下火170℃

配方 ————————————

低筋面粉 110 克，白糖 60 克，橄榄油 40 毫升，蛋黄 1 个，泡打粉 5 克，可可粉 30 克，盐 2 克，酸奶 35 毫升，南瓜籽适量

工具 ————————————

刮板 1 个，烤箱 1 台，高温布 1 张，玻璃碗 1 个

制作步骤 ————————————

1 将低筋面粉倒入碗中，加入可可粉，再倒在案台上，用刮板开窝。

2 淋入橄榄油，加入白糖，搅匀，倒入酸奶，搅拌均匀。

3 放入泡打粉，加入盐，倒入南瓜籽、蛋黄，搅拌均匀。

4 将材料混合均匀，揉搓成面团，搓成长条状。

5 再切成数个剂子，揉成圆球状。

6 在每个面球上均匀地裹上一层低筋面粉，再放入铺有高温布的烤盘中。

7 将烤盘放进烤箱，以上、下火 170℃ 烤 15 分钟至熟。

8 取出，装入盘中即可。

 实验心得 ————————————

揉好的面团可以饧一会儿再烤，这样烤出的饼干口感更好。

巧克力酥饼

难易度 ★ ☆ ☆　　 25分钟　　 上火180℃ 下火140℃

配方

鸡蛋1个,蛋黄30克,低筋面粉150克,泡打粉2克,食粉2克,巧克力豆50克,杏仁片适量,黄油90克,细砂糖60克

工具

刮板1个,刷子1把,烤箱1台

制作步骤

1　将食粉倒入低筋面粉中,再加入泡打粉,倒在案台上,开窝。

2　加入细砂糖、鸡蛋混匀,放入黄油,刮入混合好的低筋面粉。

3　将材料混合均匀,揉搓成光滑的面团。

4　加入巧克力豆,揉搓均匀。

5　将面团摘成小剂子,搓成球状。

6　刷上一层蛋黄,再放上适量杏仁片。

7　放入预热好的烤箱,以上火180℃、下火140℃烤约15分钟至熟即可。

司康饼

难易度★★☆　　 25分钟

上火190℃
下火160℃

配方

低筋面粉 250 克，泡打粉 15 克，盐 3 克，细砂糖 45 克，黄油 60 克，淡奶油 185 毫升，提子干 40 克，鸡蛋液适量

工具

刮板、玻璃碗、圆形模具各 1 个，刷子 1 把，擀面杖 1 根，烘焙纸 1 张，烤箱 1 台

制作步骤

1　把低筋面粉、泡打粉、盐、细砂糖倒入玻璃碗中搅拌，再往碗中倒入淡奶油拌匀。

2　加入黄油继续搅拌，接着将面团倒在案台上，用刮板对其进行揉搓。

3　把捏好的面团放回碗中，倒入提子干进行搅拌。将混合了提子干的面团放在案台上再次揉搓，直至面团表面光滑。

4　然后把面团擀成片状，用圆形模具压出形状，放入铺有烘焙纸的烤盘。

5　在小面饼表面刷上鸡蛋液，将烤盘放入预热好的烤箱中烘烤 15 分钟左右即可。

马卡龙

难易度 ★★☆   🕐 30分钟   上火150℃ 下火150℃

配方

细砂糖 150 克，水 30 毫升，蛋白 95 克，杏仁粉 120 克，糖粉 120 克，打发的鲜奶油适量

工具

刮板、奶锅、筛网各 1 个，长柄刮板 1 把，裱花袋 2 个，硅胶 1 块，剪刀 1 把，温度计 1 支，电动搅拌器、烤箱各 1 台，玻璃碗 2 个

制作步骤

1 将水、细砂糖倒入奶锅中煮成糖水，用温度计测水温为 118℃后关火。

2 将 50 克蛋白打发至起泡，一边倒入煮好的糖浆，一边搅拌，制成蛋白部分，备用。

3 在另一个玻璃碗中倒入杏仁粉，将糖粉过筛至玻璃碗中，加入 45 克蛋白，用刮板搅拌成糊状。

4 倒入三分之一的蛋白部分，搅拌均匀，倒入剩余的蛋白部分中，用长柄刮板拌匀，制成面糊。

5 将面糊倒入裱花袋中，在裱花袋尖端部位剪开一个小口，在烤盘中挤上大小均等的圆饼状面糊，待其凝固成形。

6 将烤盘放入烤箱中，以上、下火 150℃烤 15 分钟至熟，取出。

7 把打发好的鲜奶油装入裱花袋中，在尖端部位剪开一个小口。

8 取一块面饼，挤上适量打发好的鲜奶油，再取一块面饼，盖在鲜奶油上方，制成马卡龙。

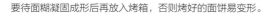

实验心得

要待面糊凝固成形后再放入烤箱，否则烤好的面饼易变形。

巧克力甜甜圈

难易度★★★ 35分钟 上火180℃ 下火160℃

配方

蛋黄部分：
蛋黄3个，色拉油30毫升，泡打粉2克，细砂糖30克，低筋面粉60克，玉米淀粉50克，清水30毫升

蛋白部分：
蛋白80克，塔塔粉2克，细砂糖95克

装饰部分：
黑巧克力液、白巧克力液各适量

工具

搅拌器、甜甜圈模具各1个，长柄刮板1把，电动搅拌器、烤箱各1台，玻璃碗3个，烘焙纸1张

制作步骤

将色拉油、细砂糖、清水依次倒入玻璃碗中，用搅拌器拌匀。

加入玉米淀粉，搅拌均匀，倒入低筋面粉,搅拌至糊状。

倒入蛋黄拌匀，再加泡打粉拌匀，即成蛋黄部分。

将蛋白倒入另一个玻璃碗中，用电动搅拌器打发，加细砂糖、塔塔粉打发至鸡尾状，即成蛋白部分。

将一半蛋白部分倒入蛋黄部分中，用长柄刮板拌成糊状。

将拌匀的面糊倒入剩余的蛋白部分中，搅拌均匀，倒入甜甜圈模具中，放入烤盘后再放入烤箱。

以上火180℃、下火160℃烤20分钟，取出烤盘，轻轻地按压蛋糕，使蛋糕脱模。

将蛋糕底部切去，将其中一块涂上适量黑巧克力液。

将另一块蛋糕放入装有白巧克力液的玻璃碗中。

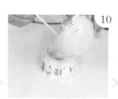
把玻璃碗翻转过来，倒在烘焙纸上，取出玻璃碗，再均匀地涂上白巧克力液。

将涂有黑巧克力液的蛋糕装盘，淋入白巧克力液。

在涂有白巧克力液的蛋糕上，淋上适量黑巧克力液，装入盘中即可。

 实验心得

将面糊装入模具后，可轻轻抖动几下，消除模具里面的气泡，使蛋糕的成形更美观。

千丝水果派

难易度 ★★☆　　🕐 30分钟　　上火180℃ 下火160℃

配方

新鲜水果适量

派皮：

面粉 340 克，黄油 200 克，水 90 毫升

派心：

鸡蛋 75 克，细砂糖 100 克，低筋面粉 200 克，肉桂粉 1 克，胡萝卜丝 80 克，菠萝干 70 克，核桃 60 克，黄油 50 克

工具

刮板、玻璃碗各 1 个，擀面杖 1 根，刀、长柄刮板各 1 把，派模 1 个，烤箱 1 台，一次性手套 1 双

制作步骤

1　把黄油、水、面粉倒入玻璃碗中，边倒边搅拌均匀。

2　将派底原料拌匀后，放在案台上用擀面杖擀成面饼，用刮板刮去剩余部分，然后进行整形。

3　将剩余的面团擀成条状，然后绕派模内部一圈，并将派模放进烤箱烘烤约 15 分钟。

4　把黄油、细砂糖、鸡蛋倒入玻璃碗中拌匀，再倒入低筋面粉、胡萝卜丝、肉桂粉、菠萝干、核桃，搅拌均匀。

5　派底烤好后取出，用长柄刮板将派心放进烤好的派底中。

6　用刀整平表面后将烤盘放进烤箱烘烤约 25 分钟。

7　将准备好的水果切开。

8　取出烤好的派，冷却后用新鲜水果装饰即可。

实验心得

肉桂粉不仅可以提香，还对人体有很多的好处，比如降血糖、降血脂等。

草莓芝士派

难易度★★☆　50分钟　上火190℃ 下火150℃

配方

派皮:
黄油 125 克,糖粉 125 克,鸡蛋 50 克,
低筋面粉 250 克,泡打粉 1 克

派心:
奶油芝士 170 克,黄油 60 克,细砂糖
60 克,鸡蛋 50 克,淀粉 9 克,淡奶油
35 毫升,草莓酱 60 克

工具

长柄刮板 1 把,刮板、模具、玻璃碗、裱
花袋各 1 个,擀面杖 1 根,烤箱 1 台

制作步骤

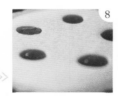

1 预热烤箱;把黄油倒在案台上,加入糖粉,用手充分搅拌均匀,再加入鸡蛋搅拌,使其与黄油充分融合。

2 加入低筋面粉和泡打粉继续搅拌,用擀面杖把挞皮擀好后放入模具底部,使挞皮紧贴其底部。

3 把剩下的挞皮擀成长条形,裹在模具的内边缘上。

4 用刮板在做好的派底部打孔排气,然后放入烤盘中,放进预热好的烤箱烘烤约 15 分钟,烤至表皮微微发黄。

5 把奶油芝士和细砂糖放入玻璃碗中,用长柄刮板充分搅拌均匀,加入溶化好的黄油继续搅拌,再加入淡奶油搅拌。

6 分两次加入鸡蛋继续搅拌,最后加入淀粉搅拌均匀,制成馅料。

7 把调制好的派馅倒入烤好的派皮中,再把草莓酱用裱花袋挤入派馅中。

8 把派放入预热好的烤箱中层,烤约 25 分钟,取出烤好的派,装盘即可。

实验心得

要制作一个好的派皮,在面团的筋度上有严格的要求,面团揉搓过度会使派皮烘焙时难以蓬松,大大降低派皮的口感。

苹果派

难易度★★☆ 100分钟 上火180℃ 下火180℃

配方

蜂蜜适量，盐少许
派皮：
低筋面粉200克，牛奶60毫升，黄油150克，细砂糖20克
派心：
杏仁粉50克，鸡蛋1个，苹果1个，细砂糖30克

工具

保鲜膜1张，模具、玻璃碗、锡纸碗各1个，擀面杖1根，烤箱1台

制作步骤

1. 将低筋面粉倒在操作台上，用刮板开窝，倒入20克细砂糖、牛奶，拌匀，加入100克黄油，用手和成面团。

2. 用保鲜膜将面团包好，压平，放入冰箱冷藏30分钟。取出后轻轻地按压一下，撕掉保鲜膜，压薄。

3. 取模具，放上面皮贴紧，切去多余的面皮，再次沿着模具边缘将面皮压紧。

4. 将剩余细砂糖、鸡蛋倒入容器中拌匀，加入杏仁粉、50克黄油，搅拌至糊状，制成杏仁奶油馅。

5. 将洗净的苹果切块，去核，再切成薄片，放入淡盐水中，浸泡5分钟。

6. 将杏仁奶油馅倒入模具内，将苹果片摆放在派皮上，至摆满为止，再倒入适量杏仁奶油馅。

7. 将模具放入烤盘，再放进冰箱冷藏20分钟，再放入烤箱，将烤箱温度调成上、下火180℃，烤30分钟，至其熟透，取出。

8. 将苹果派脱模后装入盘中，刷上适量蜂蜜，再装入备好的锡纸碗中即可。

抹茶提拉米苏

难易度 ★★☆　　　🕐 100分钟

📟 上火170℃
下火170℃

配方

蛋白60克,白糖100克,塔塔粉1克,盐1.5克, 蛋黄110克, 全蛋60克, 色拉油60毫升, 低筋面粉80克, 奶粉2克, 泡打粉2克, 水40毫升, 抹茶粉10克, 明胶粉4克, 芝士200克, 牛奶200毫升

工具

搅拌器、电动搅拌器、圆形模具、锅各1个, 蛋糕刀1把, 烤箱1台, 玻璃碗2个, 冰箱1台

制作步骤

1　把色拉油倒入玻璃碗中, 加入蛋黄、全蛋、低筋面粉、奶粉、盐、泡打粉, 用搅拌器搅匀。

2　把蛋白倒入另一个玻璃碗中, 加入白糖打发, 再加入塔塔粉, 搅匀。

3　把蛋白部分倒入蛋黄部分中, 搅匀, 倒入圆形模具中, 放入烤箱, 以上、下火 170℃烤 20 分钟。

4　取出烤好的蛋糕脱模, 用蛋糕刀切去顶部, 剩余部分平切成两份, 备用。

5　把水倒入锅中, 加入白糖、牛奶, 用搅拌器搅匀。

6　放入明胶粉、芝士, 用小火煮溶化, 放入抹茶粉, 搅匀, 加入蛋黄搅匀。

7　把一块蛋糕放入模具中, 倒入适量抹茶糊, 再放入一片蛋糕。

8　倒入适量抹茶糊, 入冰箱冷冻 2 小时, 取成品脱模, 用蛋糕刀切成扇形块。

核桃脆果子

难易度★☆☆　　45分钟　　上火170℃ 下火170℃

配方 ————————

玉米淀粉50克, 鸡蛋1个, 低筋面粉45克, 核桃仁适量, 细砂糖20克, 蛋黄1个, 溶化的黄油8克

工具 ————————

刮板1个, 烤箱1台, 刷子1把, 保鲜膜适量, 隔热手套1双

制作步骤

把玉米淀粉、低筋面粉倒在案台上，用刮板开窝。

倒入细砂糖、鸡蛋、溶化的黄油，拌匀。

将材料混合均匀，按压成纯滑的面团。

用保鲜膜包好，放入冰箱冷藏15分钟。

从冰箱中取出面团，撕去保鲜膜，用刮板将面团切成小块。

用手捏平，放入适量核桃仁。

包好，并搓成圆球。

将脆果子生坯放入烤盘中。

刷上适量蛋黄液。

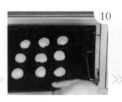

将烤盘放入烤箱，以上、下火170℃烤20分钟至熟。

把烤盘取出。

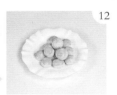

将烤好的核桃脆果子装入盘中即成。

 实验心得

刷上适量蛋黄液，使成品更美观。

杏仁瓦片

难易度★☆☆　　🕐 50分钟　　📟 上火170℃
　　　　　　　　　　　　　下火170℃

配方 ————————————

黄油 40 克，鸡蛋 1 个，低筋面粉 50 克，杏仁片 180 克，细砂糖 110 克，蛋白 100 克

工具 ————————————

锅、三角铁板各 1 个，锡纸 1 张，电动搅拌器、烤箱各 1 台，玻璃碗 2 个

制作步骤 ————————————

1. 将黄油放入玻璃碗中，再放入锅中隔水加热至溶化，待用。

2. 依次将蛋白、鸡蛋、细砂糖倒入玻璃碗中，用电动搅拌器快速拌匀。

3. 加入溶化的黄油，拌匀。

4. 再倒入低筋面粉，快速搅拌均匀。

5. 倒入杏仁片，用三角铁板搅拌均匀，静置 30 分钟。

6. 取铺有锡纸的烤盘，倒入 4 份杏仁糊，压平。

7. 将烤箱温度调成上、下火 170℃。

8. 放入烤盘，烤约 10 分钟，取出烤盘，放置片刻至凉即可。

—— 实验心得 ——

烤得颜色较深的地方味道会微苦，可将其去掉，以免破坏口感。

PART 6

烘焙与菜肴的绝配组合

烘焙总是和西餐相辅相成，

无论是前菜、汤、主菜，

抑或是主食，

烘焙和西餐都是很好的搭配，

而烤箱就是连接西餐和烘焙的桥梁。

奥尔良风味比萨

难易度 ★ ☆ ☆　🕐 35分钟　上火200℃　下火200℃

配方

高筋面粉 200 克，酵母 3 克，黄油 20 克，水 80 毫升，盐 1 克，白糖 10 克，鸡蛋 1 个，瘦肉丝 50 克，玉米粒 40 克，青椒丁、红椒丁各 40 克，洋葱丝 40 克，芝士碎 40 克

工具

刮板 1 个，擀面杖 1 根，比萨盘 1 个，烤箱 1 台

制作步骤

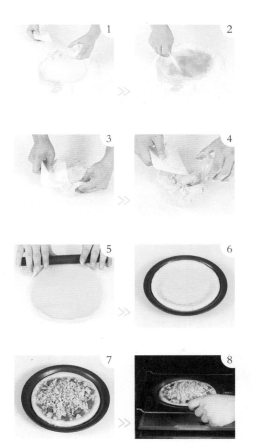

1 将高筋面粉倒在案台上，用刮板开窝，加入水、白糖，搅匀，加入酵母、盐，搅匀。

2 放入鸡蛋，搅散。

3 刮入高筋面粉，混合均匀。

4 倒入黄油，混匀。

5 将混合物搓揉成光滑的面团，取一半面团，用擀面杖擀成圆饼状面皮。

6 将面皮放入比萨圆盘中，用叉子在面皮上均匀地扎上小孔，将处理好的面皮放置常温下发酵 1 小时。

7 在发酵好的面皮上撒入玉米粒及洋葱丝，放入青椒丁、红椒丁，加入瘦肉丝，撒上芝士碎，即为比萨生坯。

8 上、下火温度调至 200℃预热烤箱。将比萨生坯放入预热好的烤箱中，烤10 分钟至熟即可。

实验心得

瘦肉丝可以事先用调料腌渍一会儿，会使烤出的比萨味道更香。

鲜蔬虾仁比萨

难易度 ★ ☆ ☆ 25分钟 上火200℃
下火200℃

配方

高筋面粉 200 克, 酵母 3 克, 黄油 20 克, 水 80 毫升, 盐 1 克, 白糖 10 克, 鸡蛋 1 个, 西蓝花 45 克, 虾仁、玉米粒、番茄酱各适量, 芝士碎 40 克

工具

擀面杖 1 根, 油刷、叉子各 1 把, 刮板、比萨盘各 1 个, 烤箱 1 台

制作步骤

1　将高筋面粉倒在案台上, 用刮板开窝, 加入水、白糖, 搅匀。

2　加入酵母、盐, 搅匀, 放入鸡蛋, 搅散。

3　刮入高筋面粉, 混合均匀, 加入黄油, 混匀。

4　将混合物揉成光滑的面团, 取一半面团, 用擀面杖擀成圆饼状面皮。

5　将面皮放入比萨圆盘中, 稍加修整, 使面皮与比萨圆盘完整贴合。

6　用叉子在面皮上均匀地扎些小孔。将处理好的面皮放置常温下发酵1小时。

7　在面皮上铺玉米粒, 切小块的西蓝花、虾仁, 挤上番茄酱, 撒上芝士碎, 即为比萨生坯。

8　将温度调至上、下火 200℃预热烤箱。放入比萨生坯, 烤 10 分钟至熟即可。

实验心得

扎小孔的时候记得要分布密集且均匀, 这样能防止烤制时面皮起泡。

意大利比萨

难易度 ★ ☆ ☆　　🕐 25分钟　　📟 上火200℃ 下火200℃

配方

高筋面粉200克, 酵母3克, 黄油20克, 水80毫升, 盐1克, 白糖10克, 鸡蛋1个, 黄椒丁、红椒丁、香菇片各30克, 虾仁60克, 鸡蛋1个, 洋葱丝40克, 炼乳20克, 白糖30克, 番茄酱适量, 芝士碎40克

工具

刮板1个, 擀面杖1根, 比萨盘1个, 烤箱1台

制作步骤

高筋面粉倒在案台上，用刮板开窝。

加入水、白糖搅匀。

加入酵母、盐搅匀。

放入鸡蛋，搅散。

刮入高筋面粉，混合均匀。

倒入黄油，混匀。

将混合物揉成光滑的面团。

取一半面团，用擀面杖将其擀成圆饼状面皮。

将面皮放入比萨圆盘中，稍加修整，使面皮与比萨圆盘完全贴合。

用叉子在面皮均匀地扎些小孔。将处理好的面皮放置常温下发酵1小时。

在发酵好的面皮上，倒入打散的蛋液，放上所有的馅料，即为比萨生坯。

将上、下火温度调为200℃，预热烤箱。将比萨生坯放入烤箱中，烤10分钟即可。

　　实验心得

可依个人喜好，不加入白糖。

牛油果金枪鱼烤法棍

难易度★☆☆   15分钟   上火190℃ 下火190℃

配方

芝士碎60克，牛油果145克，罐头金枪鱼45克，法棍85克，食用油适量

工具

刀1把，捣罐1个，锡纸1张，烤箱1台

制作步骤

1. 将法棍切成厚片；洗净的牛油果切开，去核，去皮，切块。
2. 将切好的牛油果放入捣罐里捣成泥。
3. 将牛油果泥装碗，放入罐头金枪鱼，搅拌均匀，待用。
4. 在备好的烤盘上铺上锡纸，刷上适量食用油。
5. 放入法棍，在法棍上铺上牛油果金枪鱼泥，撒上芝士碎。
6. 放入预热好的烤箱，以上、下火均为190℃烤10分钟即可。

热狗

难易度★★☆   135分钟

 上火190℃
下火190℃

配方

高筋面粉 500 克，黄油 70 克，奶粉 20
克，细砂糖 100 克，盐 5 克，鸡蛋 50 克，
水 200 毫升，酵母 8 克，烤好的热狗 4 根，
生菜叶 4 片，番茄酱适量

工具

刮板、搅拌器各 1 个，擀面杖 1 根，蛋糕
刀 1 把，烤箱 1 台

制作步骤

1　将细砂糖、水倒入容器中，搅拌至细
　　砂糖溶化，待用。

2　把高筋面粉、酵母、奶粉倒在案台上，
　　用刮板开窝，倒入备好的糖水，混合
　　均匀，并按压成形。

3　加入鸡蛋，混合均匀，揉搓成面团。

4　将面团稍微拉平，倒入黄油，揉搓均匀，
　　加入适量盐，揉搓成光滑的面团。

5　用保鲜膜将面团包好，静置 10 分钟。

6　将面团分成数个 60 克一个的小面团，
　　揉搓成圆形，用擀面杖将面团擀平。

7　从一端开始，将面团卷成卷，揉成橄
　　榄形，放入烤盘，使其发酵 90 分钟。

8　将烤箱调为上、下火 190℃，预热后
　　放入烤盘，烤 15 分钟至熟。

9　取出放凉的面包，在中间直切一刀，
　　但不切断，放入洗净的生菜叶、烤好
　　的热狗，挤入适量的番茄酱即可。

奶油鸡肉酥盒

难易度★★★ 🕐 60分钟 | 🔲 上火180℃ 下火180℃

配方 ————

熟鸡肉100克，胡萝卜20克，玉米粒10克，口蘑60克，面粉50克，鸡汤400毫升，酥皮适量，蛋液适量，盐3克，胡椒粉3克，淡奶油20克，黄油50克

工具 ————

刀、油刷各1把，锡纸1张，模具1套，锅1个，烤箱1台

制作步骤

熟鸡肉切小粒；胡萝卜切丁；口蘑切块，待用。

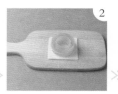

用模具将酥皮印出8个直径为7厘米的大圆片，中间印出直径为3厘米的小圆片，圆圈为盒壁，小圆片为盒盖。

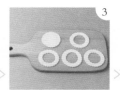

再用模具印出2个直径为7厘米的圆片为盒底，待用。

在盒底上刷层蛋液，把盒壁叠在大圆片上，也刷层蛋液，中间戳几个小针眼；再重复此动作3次，制成两个酥盒坯。

用锡箔纸卷成圈状放在酥盒坯圆孔中间；把盒盖也刷好蛋液。

将小圆片放入预热好的烤箱，上、下火180℃烤约10分钟，直至金黄色，取出待用.

再放入酥盒整体部分，上、下火180℃烤约25分钟，取出，制成酥盒，待用。

鸡汤倒入锅中烧开后，放入胡萝卜、玉米粒，煮至熟软。

倒入鸡肉、口蘑和面糊，搅拌至浓稠。

加一点淡奶油、黄油，拌匀。

放盐和胡椒粉调味，即成馅料。

往酥盒中填充馅料，盖上盒盖即可。

实验心得

每个品牌的烤箱功率不同，需随时观察成品的颜色，以免烤糊。此外，可以用黄油先炒制馅料再煮制，成品更香。

培根蛋杯

难易度 ★☆☆   30分钟   上火200℃ 下火200℃

配方

鸡蛋 3 个，芝士碎 30 克，培根 15 克，红椒粒 20 克，香菜碎 15 克，全麦面包 18 克

工具

刀 1 把，模具 3 个，锡纸 1 张，烤箱 1 台

制作步骤

1　将全麦面包对半切开。

2　备好的培根对半切开，待用。

3　蛋糕模具中依次放上培根、面包、鸡蛋、芝士碎、红椒粒、香菜碎，待用。

4　将模具放在铺有锡纸的烤盘中。

5　将烤盘放入预热好的烤箱。

6　上、下火均调为 200℃，烤 20 分钟。

7　将烤盘取出。

8　取下烤好的培根蛋杯即可。

实验心得

培根和鸡蛋的烤制时间可以按照个人喜好的口味去增减。

奶油三文鱼开胃菜

难易度★★☆　　🕐 30分钟　　　上火200℃
下火200℃

配方

三文鱼肉 100 克，饼干生坯 70 克，罐头甜菜根 100 克，洋葱 30 克，淡奶油 50 克，欧芹叶少许，酸豆少许，橄榄油少许，盐少许

工具

刀 1 把，电动搅拌器 1 台，裱花袋 1 个，烤箱 1 台

制作步骤

1 将饼干生坯放入烤箱中，以上、下火 200℃烤 10 分钟，即成饼干。

2 将三文鱼片成 3 毫米厚的薄片，放入托盘中，将橄榄油涂在三文鱼上面，撒入盐，拌匀，放入冰箱中冷藏 15 分钟。

3 洋葱、罐头甜菜根切成细条状，待用。

4 淡奶油用电动搅拌器打发，待用。

5 将饼干并排摆放在盘中。

6 将奶油装入裱花袋中，挤在饼干上，再摆上罐头甜菜根。

7 将三文鱼片折皱，放在罐头甜菜根上。

8 最后放上洋葱条、酸豆，点缀上欧芹叶即可。

实验心得

淡奶油一定要置于冰箱中保存，在打发淡奶油时，可隔冰水，更容易打发。打发淡奶油的容器和工具不能沾水、沾油，否则淡奶油就不能打发。

酥皮海鲜汤

难易度★★☆　 20分钟　 上火180℃ 下火180℃

配方

虾 150 克，鱼肉 50 克，口蘑 100 克，淡奶油适量，面粉适量，胡萝卜适量，玉米粒适量，鸡汤适量，酥皮 1 张，盐适量，白胡椒粉适量，黄油适量

工具

刀 1 把，锅、汤盅各 1 个，烤箱 1 台

制作步骤

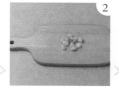
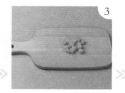

虾去壳、尾,再切成粒。

鱼肉洗净,切成粒。

口蘑洗净去蒂,切成粒。

胡萝卜洗净,切成粒,待用。

锅中放入黄油,烧至熔化,加入面粉炒成糊。

加入淡奶油、鸡汤拌匀。

淋入少许清水,放入胡萝卜、玉米煮片刻。

加入虾粒、鱼肉、口蘑,煮至熟。

撒入盐、白胡椒粉,盛出装入汤盅。

汤盅上盖上酥皮。

放入预热至180℃的烤箱中,烤8分钟。

直到酥皮呈金黄色,取出即可。

实验心得

酥皮要覆盖住碗口,并在边沿捏紧,以防漏气,一漏气酥皮就鼓不起来。调制好的汤不应装得太满,以防溢出。

法式蒜香面包片

难易度 ★ ☆ ☆   20 分钟 上火180℃ 下火180℃

配方

法棍 85 克，黄油 30 克，蒜末 20 克，葱花 20 克，食用油适量

工具

锡纸 1 张，平底锅 1 个，锅铲、油刷各 1 把，烤箱 1 台

制作步骤

1 将备好的法棍切成厚片，待用。

2 热锅放入黄油，烧至熔化，放入蒜末、葱花，炒香。

3 将炒好的材料放入备好的碗中，即为酱汁。

4 在备好的烤盘上铺上锡纸，刷上一层食用油，放上面包片。

5 把制好的酱汁刷在法棍上。

6 将烤盘放入预热好的烤箱，以上、下火均为 180℃烤 10 分钟即可取出。